请读者尊重本刊著作权

Cotton Life 自发行以来，感谢海内外读者的支持，让我们可以走到今天，但是却陆续发现有读者不当的使用本刊的内容来谋取自身利益，侵犯我们的权利。欢迎有正义感的海内外读者，若是有发现瞟窃内容的事情，请尽速与我们联系，我们会采取必要手段，并在网络上公告这些侵权者的数据，邀请大家共同来抵制。

——— 本次公告内容 ———

发行期数：12 期　　　　　　作品：郁金香多用途长夹—凯莉老师
盗用地区：马来西亚 / 槟城　　店家名称：Little Craft House

Spring Time
迎接陽光 · 嶄新的夏日手作時節

　　本期 Cotton Life 結合時尚流行的趨勢，將春夏流行色與款式用手作方式來詮釋，創造出全新的火花。取自 2019 年春夏流行包款【塑料包】，用塑膠透明布的透視感和防水的特性，讓手作包的創作也能跟上潮流，顛覆你以往對手作包的既定印象。再運用今年的流行色，拼貼製作出拼布包，跳脫傳統的思維框架，玩出更具設計感的創作，絕對能帶給你滿溢的靈感。

　　此刊特別收錄了『絕版期數精選作品』，將熱賣至絕版的期數，再精選出幾款人氣的包款和雜貨，讓你還有機會能擁有集結的經典，重新再回味一次。

　　本期刊頭「多隔層實用有型包」，每款包都有多隔層和口袋的特性，讓你方便收納各式物件，東西多的時候，不用擔心翻很久還找不到。單元內容包含色彩柔和，外口袋造型特別的夏日香氛多層式手提包、包款兩面都可當正面使用的都會美學行動商務通勤包、對比配色讓人很有記憶點的雙口袋後背醫生口金包，每款各有不同的風格與實用性，絕對值得製作擁有。

　　即將迎接開學日，為心愛的寶貝製作新行頭吧！有通學日童裝的單元，讓孩子穿上媽媽精心特製的衣服，充滿活力的展開新的校園生活。特別企劃「童用布包雜貨款」，本次單元收錄了包款底部有設計便當分隔層的森林小刺蝟後背包、簡單方便使用的童趣便當提袋、用可愛圖案布製作成貼布繡的調皮法鬥單肩包，每款都能帶給寶貝幸福的笑容，事不宜遲開始動工吧！

感謝您的支持與愛護　Cotton Life 編輯部 www.cottonlife.com

※ 注意事項：

1 雜誌所有內容及版型僅供個人學習使用，請勿重製、散播等任何形式之商業行為，如有需要請連繫本社取得授權。版權所有，翻印必究。
All contents and patterns in the magazine are for personal use only. Do not reproduce or distribute for any form of business activities. If necessary, please contact us for authorization. All rights reserved.

2 本內容校對過程難免有疏漏或錯誤，若製作過程發現問題，歡迎來信 mail 告訴我們。
In the proofreading process of this content is inevitable of omissions or errors. Please e-mail us if finding problems during production process.

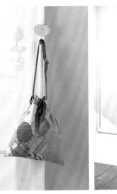
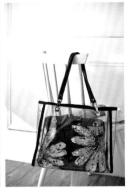
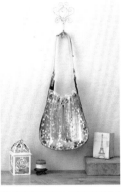
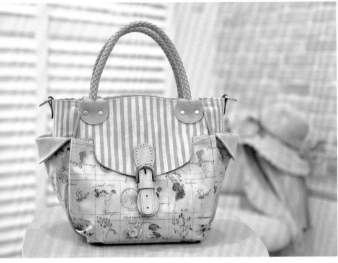
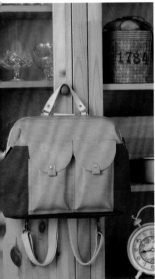
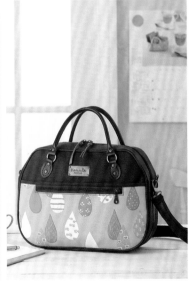
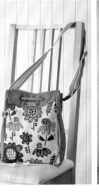
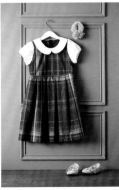
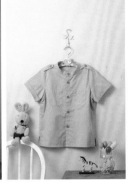

Cotton Life

夏日手作系
2019 年 07 月
CONTENTS

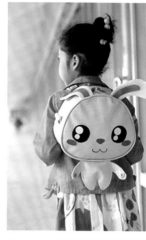
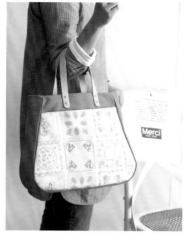
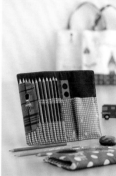
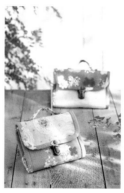
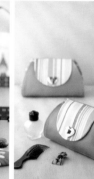
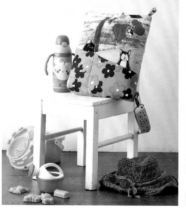
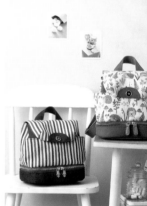

嚴　選　專　題

絕版期數精選集

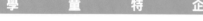

學　童　特　企

童用布包雜貨款

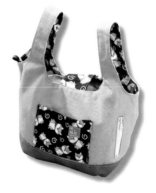

自薦專線

Cotton Life 長期徵求拼布老師、手作達人，竭誠歡迎各界高手來稿，將您經營的部落格或 FB，與我們一同分享，若有適合您的單元編輯就會來邀稿囉～

(02)2222-2260#31
cottonlife service@gmail.com

國家圖書館出版品預行編目 (CIP) 資料

Cotton Life 玩布生活 . No.31：2019 流行色與包款 × 多隔層實用有型包 × 童用布包雜貨款 × 絕版期數精選 / Cotton Life 編輯部編 .-- 初版 .-- 新北市：飛天手作，2019.07
面；　公分 .--（玩布生活；31）
ISBN 978-986-96654-5-2（平裝）

1. 手工藝

426.7　　　　　　　　　　108010324

Cotton Life 玩布生活 No.31

編　　者　Cotton Life 編輯部
總編輯　彭文富
主　　編　潘人鳳
美術設計　柚子貓、普瓊慧、April
攝　　影　詹建華、蕭維剛、林宗億
紙型繪圖　菩薩蠻數位文化

出 版 者／飛天手作興業有限公司
地　　址／新北市中和區中正路 872 號 6 樓之 2
電　　話／(02)2222-2260 · 傳真／(02)2222-1270
廣告專線／(02)22227270 · 分機 12 邱小姐
教學購物網／ www.cottonlife.com
Facebook ／ http://www.facebook.com/cottonlife.club
讀者服務 E-mail ／ cottonlife.service@gmail.com
■劃撥帳號／ 50381548
■戶　　名／飛天手作興業有限公司
■總經銷／時報文化出版企業股份有限公司
■倉　　庫／桃園市龜山區萬壽路二段 351 號

初版／ 2019 年 07 月
本書如有缺頁、破損、裝訂錯誤，請寄回本公司更換
ISBN ／ 978-986-96654-5-2
定價／ 320 元
PRINTED IN TAIWAN

封面攝影／蕭維剛
作品／由美

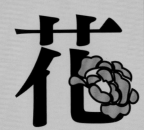
花

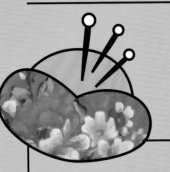

2019
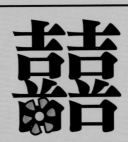
友好拼布手作節
Taiwan Friendly Quilt & Craft Festival

現 囍 事
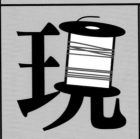 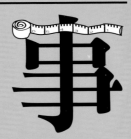

穿 針 引 線 · 友 好 手 作

活動時間 課程》**12月10日～12月15日**
展覽》**12月13日～12月15日**

展出地點 台北市松山文創園區二號倉庫

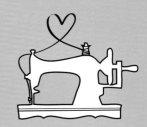

作品募集 正式開跑 ▼
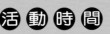
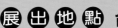

台灣國際拼布友好會將於今年擴大舉辦拼布活動，正式宣布2019友好拼布手作節活動開跑！首度結合國內外作品展出、拼布大賽、市集、學習的綜合性拼布展，是我們所有拼布手作人的期待，敬邀所有熱愛拼布手作的朋友們加入各項活動，一起來！不要缺席喔！

徵件項目	收件截止日	活動詳情
(一)會員專屬拼布作品徵召	2019/10/31	
(二)第一屆台灣拼布大賽	初審：2019/9/15 (報名表) 二次審查：2019/10/15 (作品)	
(三)代表作徵選	2019/9/30	
(四)花現囍事主題作品募集	已募集完成！ 9/30前需寄回作品	

| 主辦單位 | 台灣國際拼布友好會 | 協辦單位 | 日本手藝普及協會‧台灣喜佳股份有限公司
| 贊助單位 | 隆德貿易有限公司、松芝有限公司、佳織縫紉有限公司、雅書堂文化事業有限公司、台灣勝家縫紉機器股份有限公司、百睿文創設計
家合國際行銷股份有限公司、信義町針車有限公司、洋玉國際有限公司、全美日購、台灣羽織創意美學有限公司

流行趨勢

2019

流行色與包款

流行色玩手作－翻轉拼布包

春夏流行包－ PVC 塑料包

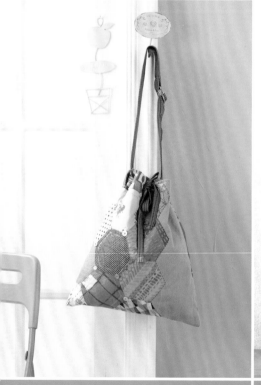

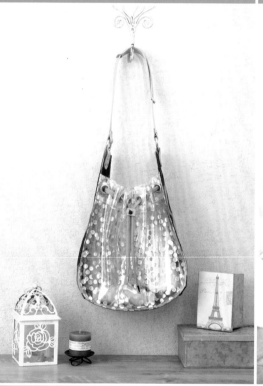

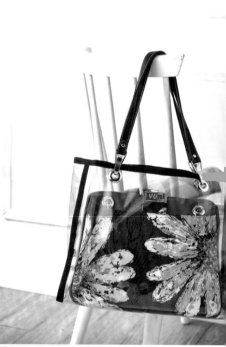

2019/2020 全球色彩流行趨勢預測
https://kknews.cc/news/xp36qz9.html

不只是塑膠提袋！今年春夏最流行「PVC」包
https://www.juksy.com/archives/77819?atl=1

讓包包透明起來！ 2019 年女包春夏流行新趨勢
https://kknews.cc/zh-tw/fashion/6qg6poq.ht

玻璃瓶中的花

運用透明布折射的光澤，
視覺的透視效果，
讓整體更有設計感，
將較小的包款放入，
襯托出質感，
呈現出不同的美觀效果，
像玻璃展示品般吸引目光，
誰說手作包不可以很時尚！

製作示範／由美
編輯／Forig　成品攝影／蕭維剛
示範作品尺寸／
透明包：寬 34cm× 高 29cm× 底寬 15cm
花朵包：寬 30cm× 高 24cm× 底寬 8.5cm
難易度／●●●●

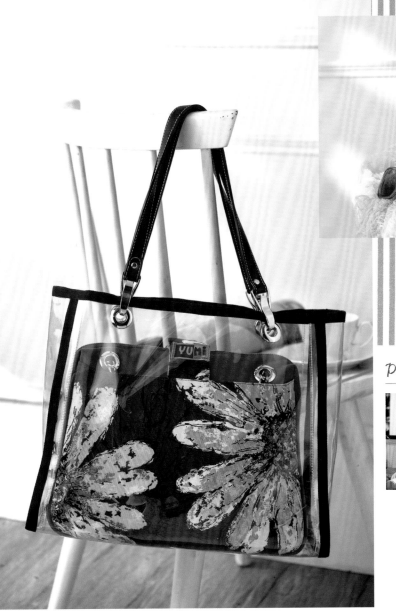

Profile

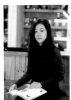

由美

手作資歷 20 年，專長紙黏土工藝，麵包花工藝，擁有日本 DECO 宮井和子 黏土工藝講師資格，曾開班授課教學。
近年鑽研布作，皮革手縫和車縫手藝，與版型打板設計。

yumi studio 由美手作工房
部落格 http://yumistudio.pixnet.net/blog
網站 http://www.coolrong.com.tw

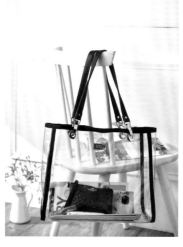
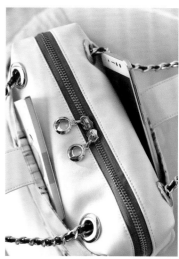

Materials

紙型 **A** 面

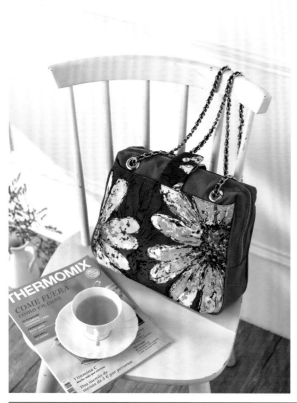

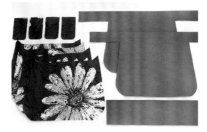

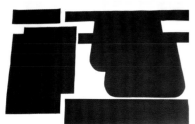

用布量：

表布 PVC 透明塑膠布 0.5~1mm 厚度 2 尺，帆布 2 尺，花布厚棉布 2 尺。裡布尼龍布 3 尺。

裁布：

※ 表布燙薄襯／特殊襯；尼龍裡布不燙襯。

（表布如果是使用其他素材，就依需求調整燙襯）

部位名稱	尺寸	數量	燙襯參考 / 備註
PVC 透明包			
袋身	紙型	1	
側身	紙型	2	
側身長條搭車片	73×2cm	2	
花朵包（表布）			
袋身（帆布）	紙型	2	下身先燙不含縫份特殊襯，再燙一層不含縫份薄襯
袋身口袋（花布）	紙型	4	燙不含縫份特殊襯
3mm 出芽斜布條	76×3cm	2	
袋底	51×11cm	1	燙不含縫份特殊襯
袋蓋（花布）	紙型	4	燙不含縫份特殊襯
花朵包（裡布）			
袋身	紙型	2	
袋底	51×11cm	1	
一字拉鍊口袋 a	23×7cm	1	使用 18cm 拉鍊
一字拉鍊口袋 b	23×35cm	1	
貼式口袋	20×30cm	1	

其它配件：

內徑 1.3cm 氣眼扣 ×8 個、5 號金屬拉鍊 60cm×1 條、5 號金屬拉鍊頭 ×1 個、拉鍊上下止 ×1 副、3mm 塑膠出芽條 160cm 長、3 號塑鋼拉鍊 18cm×1 條、牛皮提把 ×1 組 (2 條)、80cm 包包鏈子 ×1 組 (2 條)、2.5cm 寬的人字包邊帶 270cm 長、2mm 厚自黏泡棉。

※ 以上紙型已含縫份 1cm，不是的地方有特別註明。數字尺寸已含縫份。

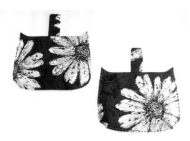

09 翻到正面整燙一下，壓臨邊線固定。

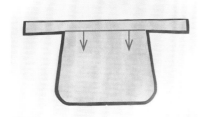

10 將其餘三邊疏縫。完成 2 組袋身口袋。

製作前後袋身

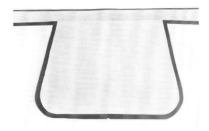

11 取出一片袋身表布。紅色箭頭下方燙上一層特殊襯後，再多燙一層不含縫份薄布襯。

12 拉鍊口布的地方只燙薄布襯，車縫拉鍊時才不會太厚。

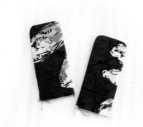

05 將 2 片正面相對，車合 ∏ 字型，圓弧處剪牙口，翻回正面整燙，共完成 2 組。

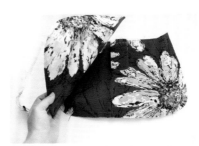

06 袋蓋放到袋身口袋中間位置，疏縫一道。

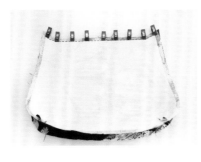

07 將 2 片疏縫好袋蓋的袋身口袋正面相對，車合上方夾子夾的地方。

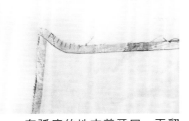

08 有弧度的地方剪牙口，再翻面。

How to Make
花朵包

製作前後袋身口袋

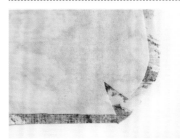

01 取 4 片袋身口袋，燙上特殊襯，特殊襯依版型打摺缺角剪下，但表布打摺缺角不需剪。

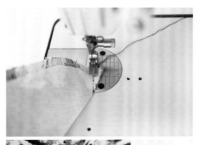

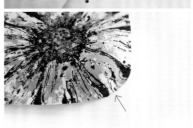

02 將表布打角摺起來的地方夾車，車縫兩邊。

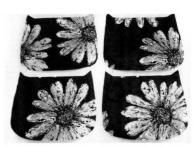

03 共完成 4 片袋身口袋摺角。

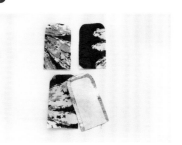

04 取出袋蓋 4 片，都先燙上不含縫份特殊襯，但下面縫份的地方燙滿。

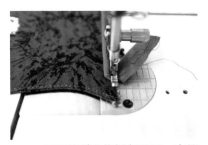

21 如圖將斜布條摺起收尾，車縫固定。

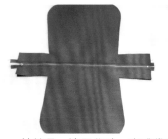

17 拉鍊另一邊同作法，完成袋身拉鍊製作。

13 取 2 片裡袋身，車縫好一字拉鍊口袋和貼式口袋。※ 可依喜好製作內口袋。

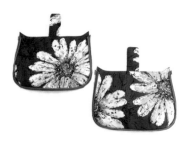

22 完成 2 份袋身口袋的出芽製作。

製作出芽

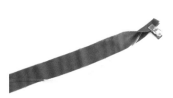

18 取出 3cm 寬斜布條和 3mm 塑膠出芽管，先夾車好。

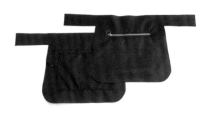

14 取 5 號碼裝金屬拉鍊，先裝好拉鍊頭，再裝上拉鍊止（可裝一個拉鍊頭，也可裝 2 個，成對開方式），拉鍊兩邊貼好雙面膠帶。

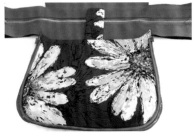

23 將袋身口袋對齊擺放在表袋身上。

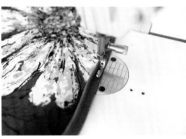

19 換上拉鍊壓布腳，起針距離上方 1cm 處，出芽條與口袋表布對齊，靠邊車縫。

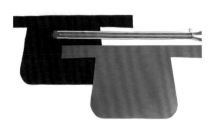

15 取 1 片表袋身，1 片裡袋身，夾車拉鍊。※ 車拉鍊處縫份為 0.7cm，其他地方縫份是 1cm。

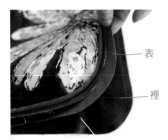

表
裡

24 此時要注意，只和表袋身車，不要疏縫到裡袋身。※ 收邊要用翻光的車法，所以不要車縫到裡袋身，後續表袋身和裡袋身是要分開車縫的。

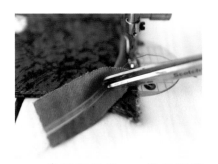

20 車縫到最後，一樣是距離 1cm 的地方，把塑膠管剪掉。

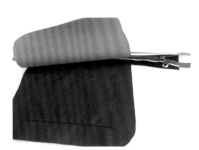

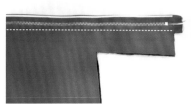

16 翻回正面，車縫臨邊壓線。

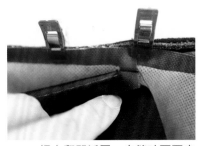

33 裡布翻開近圖，車縫時不要車到。

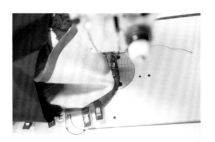

34 換上拉鍊壓布腳靠邊車，因為有出芽，要車緊才好看。

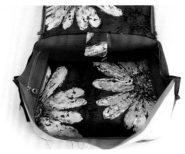

35 表袋身和袋底車縫好的樣子。

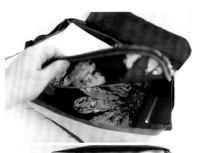

36 同作法車縫另一邊袋身，車縫好夾子固定的地方。

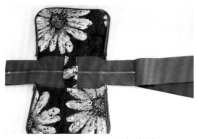

29 翻到正面，不壓臨邊線。

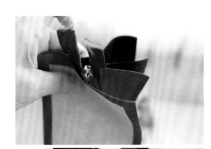

30 同作法夾車另一邊的拉鍊口布。車縫好後，中間成圓形。

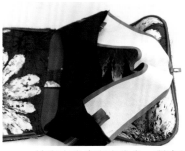

31 拉出表袋底與表袋身，對齊好中心先用夾子固定。

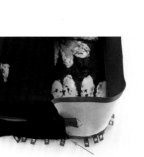

32 周圍再沿邊夾好。※ 注意箭頭指的地方，要把裡布翻開。

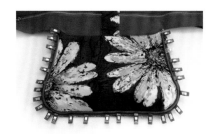

25 表袋身的部分用夾子夾好，疏縫起來。

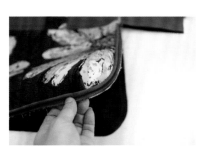

26 注意不能疏縫到裡袋身。

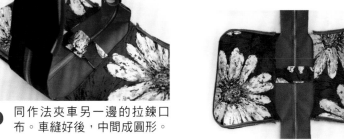

27 同作法完成另一邊口袋與袋身的疏縫。

> **組合袋身和袋底**

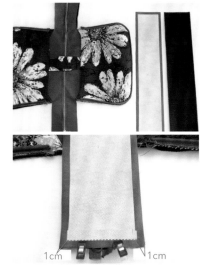

1cm   1cm

28 取袋底表裡布夾車袋身拉鍊口布，起頭和結尾 1cm 的地方不車。※ 因為收邊要用翻光作法，這樣才能將表裡布分開車縫。

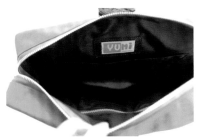

45 再將返口用藏針縫手縫好。

安裝五金

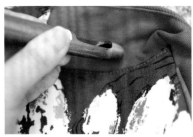

46 袋蓋依紙型位置打上 18mm 鉚釘式磁釦。

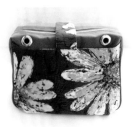

47 前後袋身依紙型位置打上氣眼扣的洞。

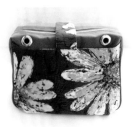

48 共打上 4 組對敲式氣眼扣。

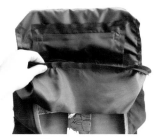

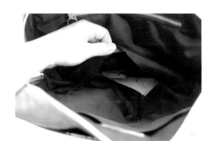

42 同作法完成另一邊的車縫,此片袋底要留一段返口,直線的地方都不車合,返口盡量留大一點。

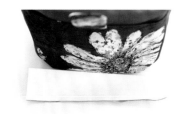

43 翻回正面的樣子。

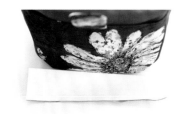

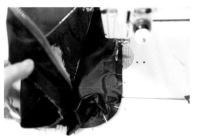

44 剪一片 8×42cm,2mm 厚度的自黏泡棉,從返口處置入黏貼好。

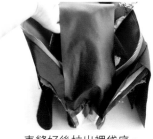

37 車縫好後拉出裡袋底。

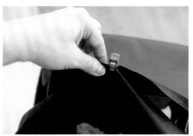

38 拉出裡袋身和裡袋底,中心先對齊夾好。

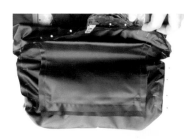

39 再將周圍沿邊對齊,尼龍布很滑,可用珠針固定。

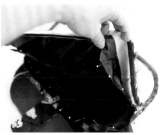

40 要注意不要夾到表布,不能車縫到喔!

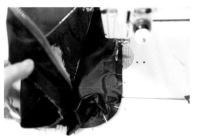

41 車縫裡袋身和裡袋底。

製作 PVC 透明包

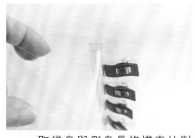

04 取袋身與側身長條搭車片對齊，先用夾子夾好。

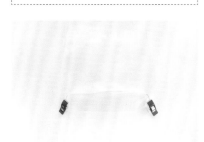

01 取側身，將缺口位置靠攏後先用夾子夾好。※注意，打摺的地方不需車，此示範要用皮製的方法做這個包。

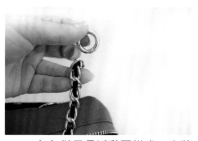

49 包包鏈子是活動圈樣式，先將活動圈取下，穿過氣眼扣。

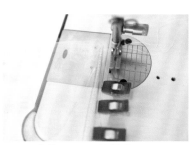

05 因為不用翻包的車法，所以直接沿邊夾固定。※注意：袋身和長條搭車片車，不是和側身車。

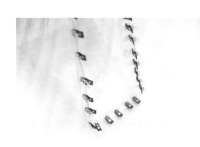

02 取側身長條搭車片，順著側身邊緣對齊，夾子夾好。

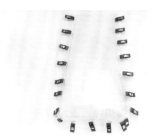

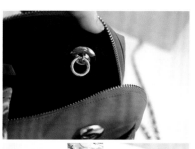

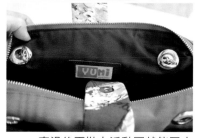

50 穿過後再裝上活動圈就能固定住鏈子。

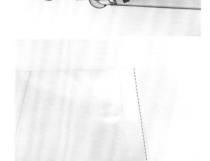

06 車縫 0.3cm 的地方。

03 在離邊緣 0.3cm 的地方開始車，注意要換上塑膠壓布腳車，才好車縫。

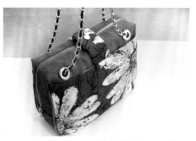

51 此為 80cm 長度的鏈子 2 條，以上的裝法可將鏈子取下，給透明包使用（也可換上短鏈子）。

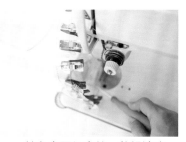

07 轉角處不好車縫，放慢速度。

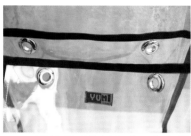

12 再依紙型位置打上 4 組氣眼扣。

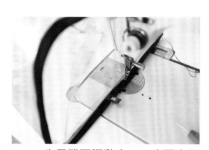

10 先用雙面膠黏合，一定要上下對齊貼好，車起來才會好看。

08 車縫好兩邊所呈現的袋形樣貌。

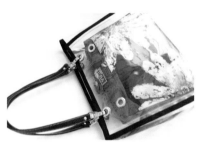

13 裝上皮製提把，完成透明包。將花朵包放進透明包內，質感提升，流行又時尚。

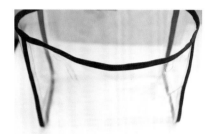

11 另一邊也包邊車縫好後，再車縫上方袋口的地方。

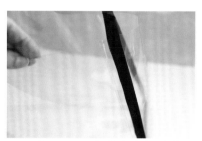

09 取 2.5cm 寬的人字包邊帶，這是密度比較好的超薄包邊帶，包起來才會好看，也可以用 2.5cm 寬的合成皮去包邊。

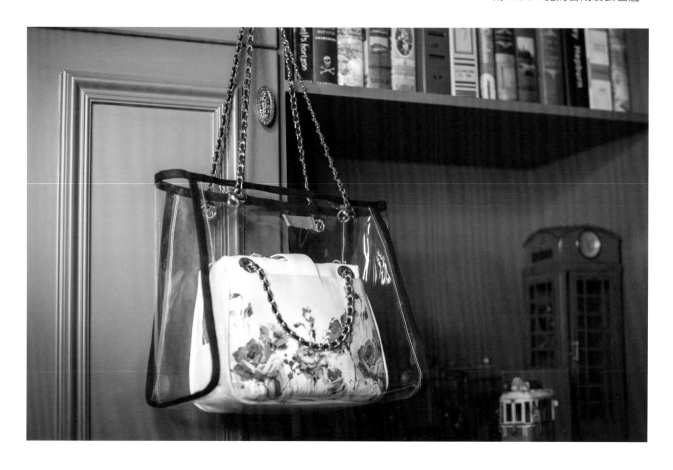

精靈國度肩背包

帶有圓點光澤的透明布，夢幻得讓人聯想到精靈的羽翼。運用特殊質料，做出來的包有全新的詮釋，微透視的視覺效果，忍不住想一探究竟。束口的皺褶，讓透視更有層次，增添了包款的柔美與神秘！

製作示範／古依立

編輯／Forig　成品攝影／詹建華

示範作品尺寸／約寬 29cm× 高 30cm×
底寬 12cm（高度不含持手）

難易度／●●●

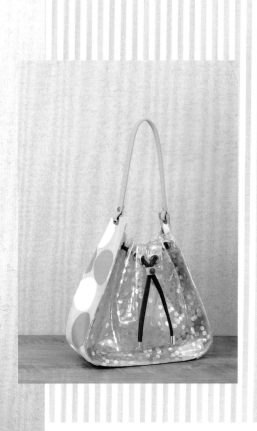

Profile

古依立

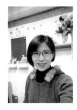

就是喜歡！就是愛亂搞怪！雖然不是相關科系畢業，一路從無師自通的手縫拼布到臺灣喜佳的才藝副店長，就是憑著這股玩樂的思維，非常認真地玩了將近 20 年的光景，生活就是要開心為人生目標。
合著有：《機縫製造！型男專用手作包》、《型男專用手作包 2：隨身有型男用包》

依秝工作室
新竹縣湖口鄉光復東路 315 號 2 樓
0988544688
FB 搜尋：「型男專用手作包」、
古依立、依秝工作室

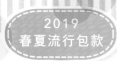

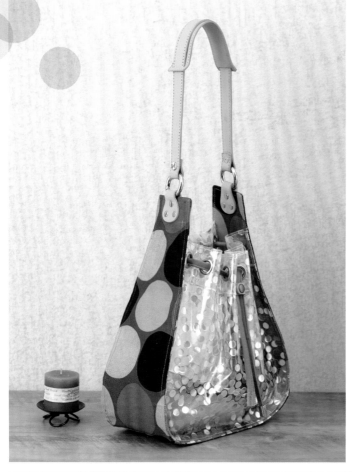

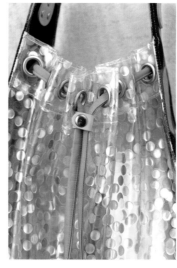

Materials

紙型 **A** 面

用布量：

表布：透明防水布 1.5 尺、點點配色布 1 尺（橫布紋取圖 1 尺／直布紋取圖 3 尺）、素色尼龍布 1 尺。

 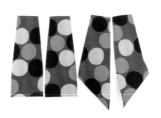 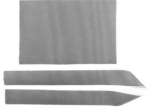

裁布：

※ 以下紙型、數字尺寸皆已含縫份 1cm。

其它配件：

28mm 雞眼釦 ×20 組，粗棉繩 ×1 尺，皮革持手 ×1 組，15mm 壓釦皮片 ×1 組、裝飾尾檔 ×2 入。

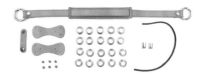

部位名稱	尺寸	數量	燙襯參考 / 備註
表布：透明防水布			
F1 前／後袋身	紙型	2	
表布：點點布			
F2 表側身	紙型	2	硬襯依紙型／厚布襯含縫份
F3 裡側身	紙型	1	厚布襯 2 片，依紙型 1 片 + 含縫份 1 片
配色布：厚光彩尼龍布			
F4 袋底	粗裁 16 ×26cm	1	硬襯 12×22cm 1 片 + 特殊襯 16×26cm 1 片
F5 束繩帶	4×70cm	1	

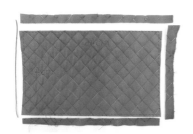

09 再裁剪完成尺寸 14×24cm，四周需先疏縫固定。

10 取表側身與袋底正面相對車縫固定。

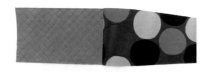

11 翻回正面，縫份倒向表側身壓線 0.5cm。

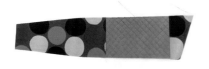

12 另一片側身同作法完成車縫和壓線。

製作表前後袋身

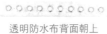

透明防水布背面朝上

中心點對齊

13 將完成的透明袋身與袋底正面相對，中心點對齊，先行車縫一道固定。

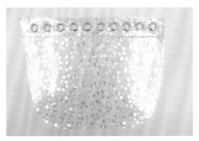

05 依紙型位置及數量打上 28mm 雞眼釦。

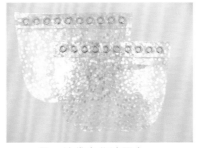

06 另一片袋身作法同上。

製作袋底和側身

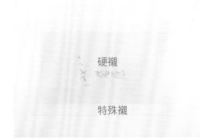

硬襯

特殊襯

07 取 1 片袋底的硬襯 12×22cm ＋ 1 片特殊襯 16×26cm，二片燙合一起。

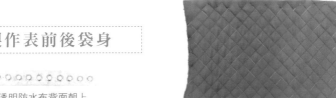

08 置於袋底尼龍布背面，三層固定後壓線（45 度／間距 1.5cm）。

How to Make

製作前後透明袋身

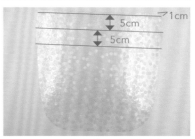

1cm
5cm
5cm

01 取 F1 袋身背面依紙型畫出記號線。

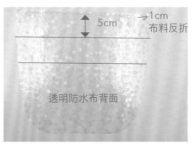

5cm   →1cm
布料反折

透明防水布背面

02 先將上方 1cm 透明布反折。

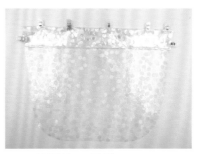

03 再於 5cm 反折。

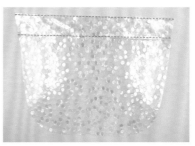

04 如圖示上／下各壓線 0.2cm 固定。

組合袋身

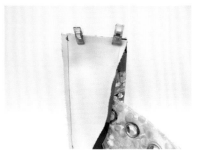

22 將側身正面相對。

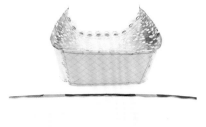

18 將裡側身與袋身依圖示擺放。

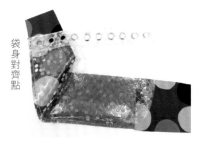

袋身對齊點

14 再將袋身對齊側身紙型（袋身對齊點）位置，並將布邊對齊車縫1cm固定線。

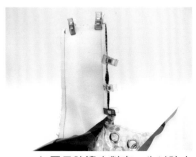

23 如圖示脇邊也對齊，先以強力夾固定約15cm長。

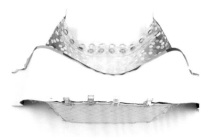

19 將表／裡側身正面相對夾車袋身，袋底中心點先對齊。

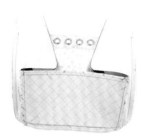

15 另一側身製作方式同上車縫。

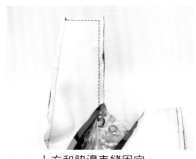

24 上方和脇邊車縫固定。

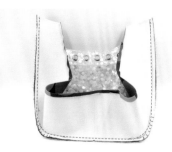

20 再將二側邊對齊好一併車縫，弧度轉彎處剪數個牙口較好對齊。

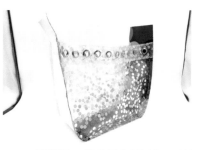

16 再將另一袋身同步驟13～15作法車縫於側身另一邊。

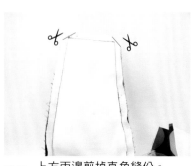

25 上方兩邊剪掉直角縫份。

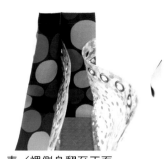

21 表／裡側身翻至正面。

製作裡側身

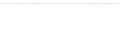

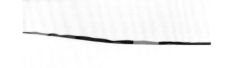

17 取裡側身將其一側縫份反折整燙。

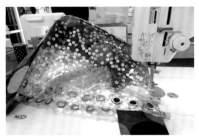

35 另一側袋身同作法車縫完成。

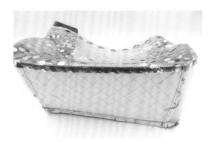

30 連同袋底縫份處理方式一樣。

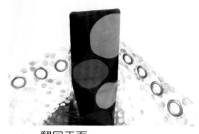

26 翻回正面。

製作提把與束口繩

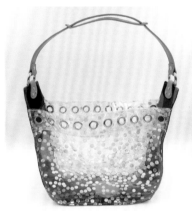

36 二側中心點位置釘合持手。

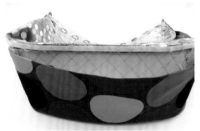

31 袋身縫份處先貼上水溶性雙面膠帶。

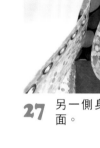

27 另一側身作法同上先翻回正面。

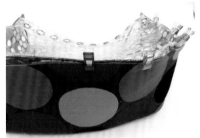

32 再與裡布貼合固定。

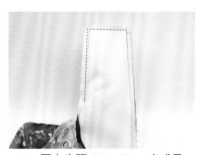

28 同上步驟 22 ～ 26，完成另一側身的車縫。

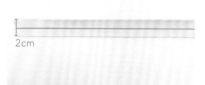

2cm

37 取束繩帶布背面畫出 2cm 中心線。

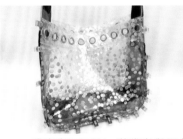

33 袋身翻回正面，將袋身與側身脇邊一併用強力夾暫固定。

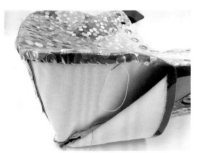

29 翻回正面後將表布縫份皆倒向側身，以捲針縫方式固定縫份。

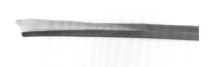

38 兩側布邊反折至中心線。

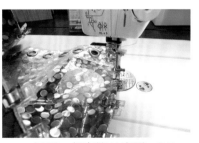

34 三層一起車縫 U 字型，0.5cm 固定線。

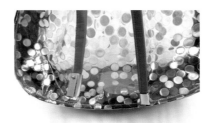

43 包繩帶末端再鎖上裝飾尾檔，即完成！

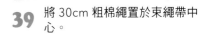

39 將 30cm 粗棉繩置於束繩帶中心。

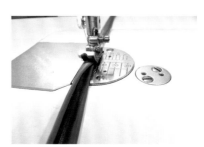

40 束繩帶再對折包住粗棉繩沿邊車縫固定。

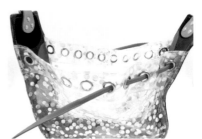

41 將束繩帶穿入袋身雞眼釦一圈。

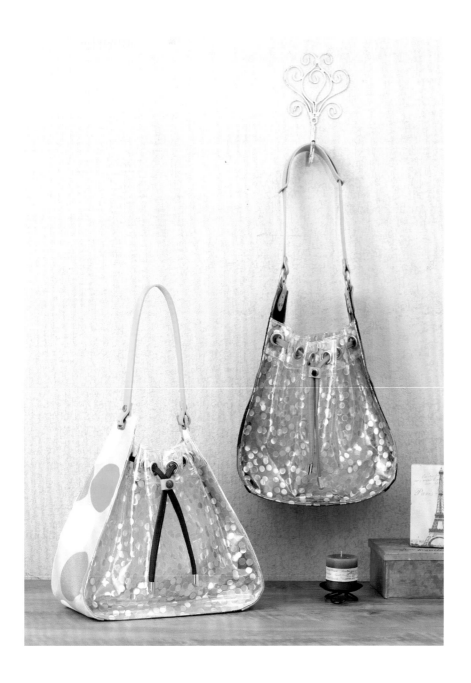

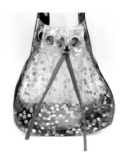

42 束繩帶兩端再套入 15mm 壓釦皮片。

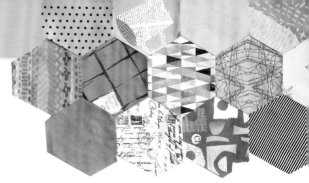

2019 全球
色彩流行趨勢預測 ✕ 拼布包設計

拼布著重於運用各種花色的布片做拼貼，必須對色彩有著高度的敏銳度，並不是將所有顏色不分色系與飽和度的混在一起就能拼貼創作出好看的作品。如果您還對色彩不夠精準敏銳，可參考每年都會發佈的流行色彩趨勢，磨練出對色彩的敏感度。

以下為參考安特強國際設計團隊與荷蘭 Stijlinstituut Amsterdam 工作室的流行趨勢研究專家 Anne Marie Commandeur 攜手，甄選出鮮明多元的色彩流行趨勢主題。其中擷取兩大適合春夏色彩的主題，發想出運用流行色組與拼布包結合能激發出怎樣的火花，一起來一探究竟吧！

玩樂

活潑的色彩，也代表如同夏季般的顏色，富饒玩樂的意味，充滿著快樂的氛圍與朝氣。

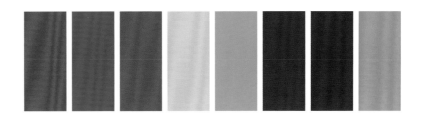

生長

大自然的色系，令人感覺舒適放鬆，如同代表春天的顏色般擁有生命力，使心靈遼闊。

本單元邀請到**游如意**老師用作品示範的拼接方式，來做流行色的拼貼呈現。

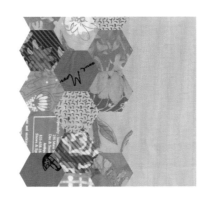

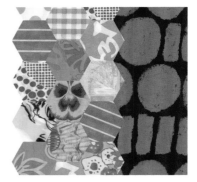

活力花園側背包

運用玩樂色系的主題來配色，色塊的拼接，加上壓線與鈕釦的裝飾，讓簡單的包款富含愉快與朝氣的氛圍。背帶的變化和束口的設計更豐富了整體感，背上它感覺就充滿著陽光與活力！

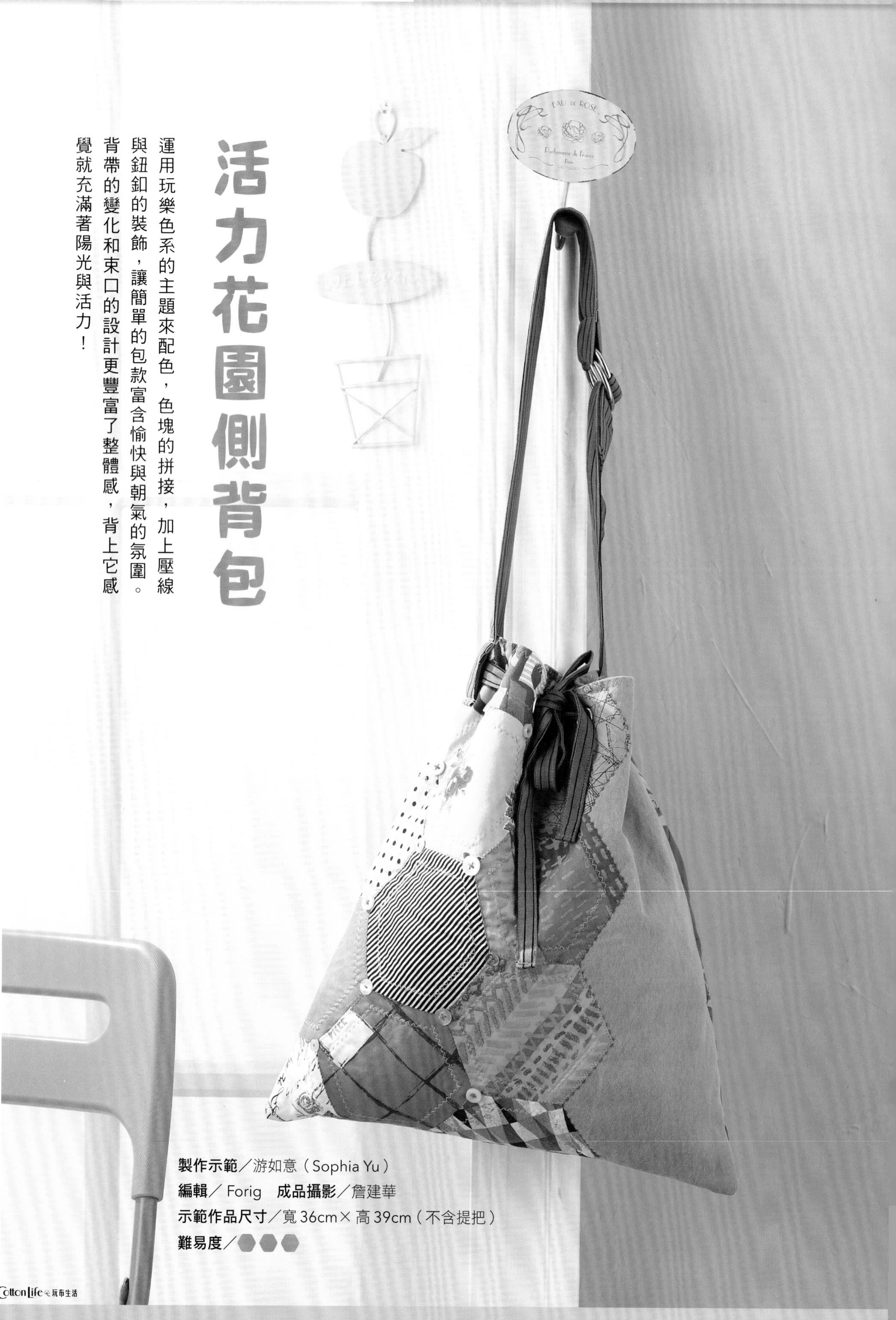

製作示範／游如意（Sophia Yu）

編輯／Forig　成品攝影／詹建華

示範作品尺寸／寬36cm×高39cm（不含提把）

難易度／●●●

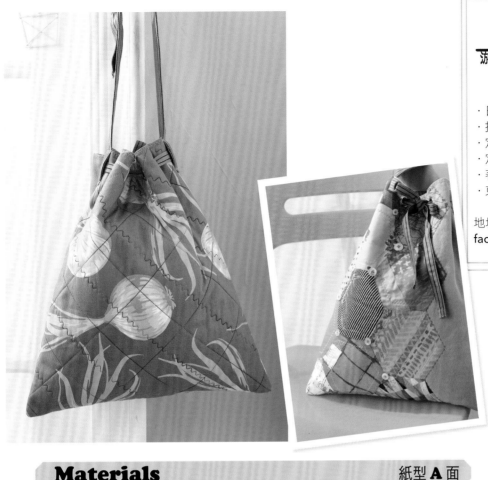

Profile

游如意
（Sophia Yu）

游如意　創意拼布
Patchwork Studio

· 日本手藝普及協會手縫指導員合格認定
· 拼布配色專業課程教學
· 定期赴日本及美國進修研習
· 定期大陸巡迴教學
· 著有【拼布配色事典】一書
· 東京巨蛋拼布展得獎

地址：台中市華美西街一段 142 號
facebook：一起手作。家

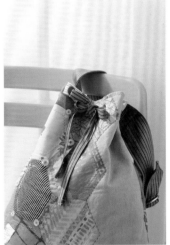

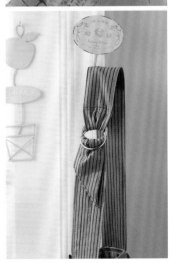

Materials

紙型 **A** 面

※ 除特別説明外，車縫縫份皆為 0.7cm。

材料：

表面配色布 13 種	各 15×15cm
水洗帆布	45×22cm
背面袋身表布	45×45cm
內裡用布	45×110cm
內口袋用布	30×30cm
背帶及束口繩用布	22.5×110cm
極薄單膠鋪棉	90×45cm
洋裁用薄襯	12×65cm
冷凍紙	45×65cm

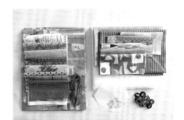

配件：

雞眼釘內徑 2cm×8 個、5 號繡線適量、黃色系裝飾塑膠釦若干、
內徑 4.5cm 的圓環 ×2 個。

【袋身表布準備】

(1) 各色配色布裁成 14×14cm，共裁 13 片，所有布料需整燙備用。

(2) 正面袋身用水洗帆布裁 45×22.5cm 一片，背面袋身厚質棉布裁
45×40cm 一片。

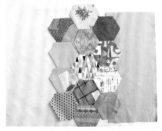

09 配合錐子挑起冷凍紙一角,將所有冷凍紙撕掉。

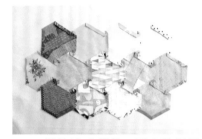

10 撕除冷凍紙後,再次整燙平整。

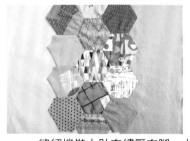

11 將組合好的配色布依圖示放置在水洗帆布上,重疊的地方別上珠針。

車縫和壓線拼接圖案

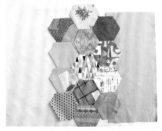

12 縫紉機裝上貼布繡壓布腳,上線透明線,淺色底線,鋸齒花盤,針距 1.5,幅寬 3.5,將所有的拼貼布片車縫完畢。

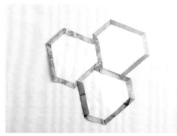

05 再加入第三片,三片布片要彼此靠緊黏合。

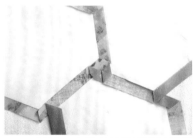

06 近拍,交界處的縫份要這樣攤平狀。

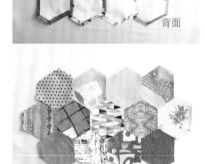

正面 / 背面

07 直到完成所有組合,圖示為正面和背面。

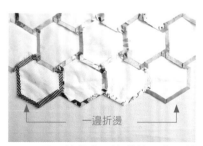

一邊折燙

08 長向的其中一邊將縫份完全折燙。

表袋身拼接

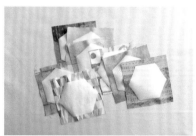

01 將紙型中六角形描在冷凍紙面上,沿邊線剪下,共剪 13 片。熨斗預熱,將冷凍紙光滑面朝下燙在配色布背面正中央。

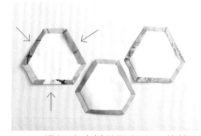

02 預留縫份 0.7 ～ 1cm,其餘修剪掉。

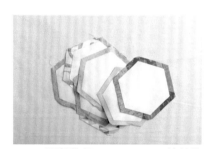

03 燙好冷凍紙的配色布,將其中對角的三邊縫份燙入。

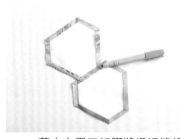

04 藉由布用口紅膠將燙好縫份的配色布黏貼組合,先由兩片開始(未折邊與折邊黏合)。

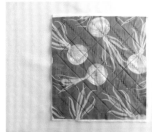

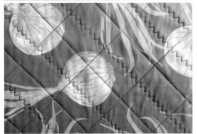

19 背面袋身畫上袋身完成記號線及壓線記號線，鋪上鋪棉，縫紉機配合均勻壓布腳，30 號車線，混合直線跟鋸齒甚至其他花樣，機縫壓線完成，起頭跟結束的線頭都留 5cm 不打結。

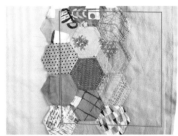

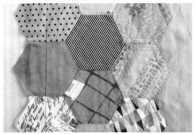

16 縫紉機配合均勻壓布腳，30號車線，鋸齒花盤，幅寬 7.0 甚至 9.0 都可，針距 2.5，將六角內側壓線完成，起頭結束的線頭都留 5cm 不打結或回針。

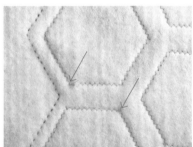

17 將六角壓線的上線引到背面，與底線打結後剪短，步驟（14）五號車線的起頭與結尾線頭都引到背面，在完成記號線之內範圍打結。

組合袋身

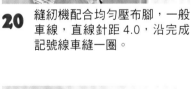

20 縫紉機配合均勻壓布腳，一般車線，直線針距 4.0，沿完成記號線車縫一圈。

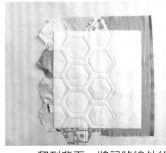

21 翻到背面，將記號線外的鋪棉都剪除。

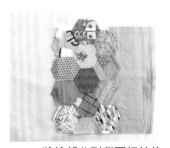

18 將線都收到背面打結後，正面呈現的樣子。

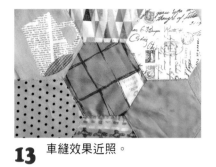

13 車縫效果近照。

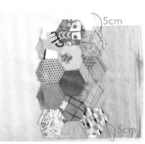

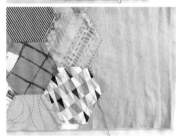

14 鋪上鋪棉，不需底布，五號繡線壓縫六角型邊緣。壓線的起頭跟結尾的線頭都留 5cm 不打結。

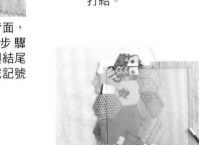

15 膠板或紙型剪寬 36cm× 高39cm，放在表布上，消失筆沿邊畫上袋身完成記號線。

製作背帶及束口

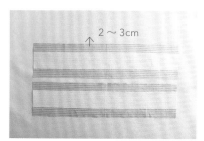

31 薄襯剪 6×60cm 兩片，燙在背帶用布上，兩側外縫份留 2～3cm，頭尾不用留縫份。

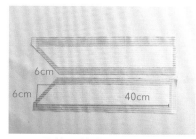

32 將兩側縫份往中心燙平。

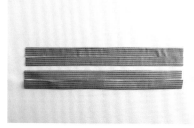

33 另剪兩條薄襯，尺寸如圖所示，燙在背帶用布上，兩側外兩縫份 2～3cm，頭尾縫份 0.7～1cm。

6cm
6cm
40cm

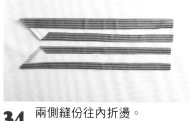

34 兩側縫份往內折燙。

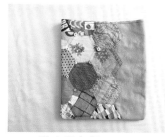

26 將表袋身翻至正面。

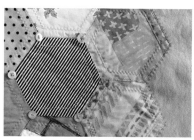

27 六角交接的地方縫上黃色扣子裝飾。

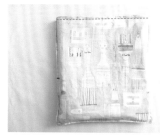

28 將袋身表裡正面相對套合，袋口對齊，車縫一圈。

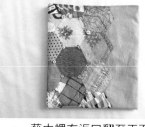

29 藉由裡布返口翻至正面，將返口縫合，整理好袋口及袋身。

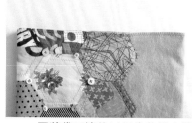

30 再將袋口邊緣以鋸齒花盤車縫一圈。

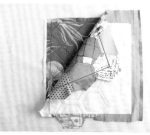

22 背面袋身也重複（20）～（21）步驟。再將前後袋身表布正面相對，左右及下方完成線對齊，疏縫或別珠針。

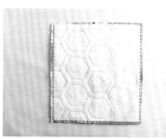

23 除袋口外，車縫左右及下方三邊，縫份修剪至 0.7cm。

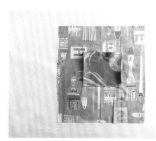

24 袋身裡布畫好兩片，預留縫份，其中一片依照自己喜愛的方式完成內口袋。

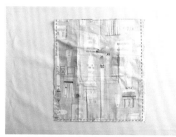

25 兩片袋身裡布表面相對，車縫左右及下方三邊，其中一邊側邊留下返口約 10cm。

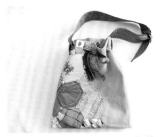

43 將短背帶穿入長背帶一端圓環，反折套入圓環間隙後從圓環拉出背帶，即完成！

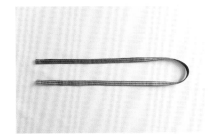

39 頭尾端折入後再對折燙平，沿邊車縫固定成束口繩。

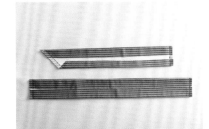

35 長短兩組縫份正面相對，短組頭尾車縫，長組只車縫其中一邊。

組合背帶及束口

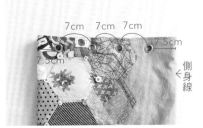

7cm　7cm　7cm

7.5cm

2.5cm

←側身線

40 袋身依照圖所標示位置，將雞眼釘上。

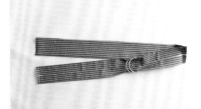

36 長組穿入兩個圓環。

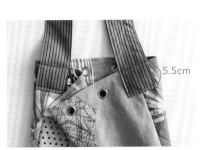

5.5cm

41 將長短背帶分別車縫在袋身兩側往下 5.5cm 處固定。

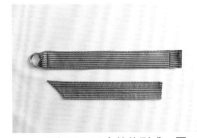

37 長組另一頭車縫後形成一圈，背面相對對折好整平，沿邊車縫，短組背帶也是相同作法。

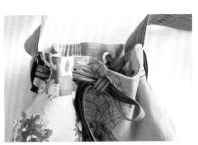

42 穿入束口繩。

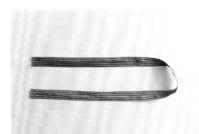

38 束帶布條裁 6×110cm，兩邊往中間折燙平。

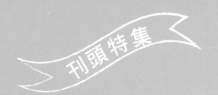

多隔層
實用有型包

多隔層包也是今年流行的包款之一，

外口袋的造型設計能讓外觀更獨特有型。

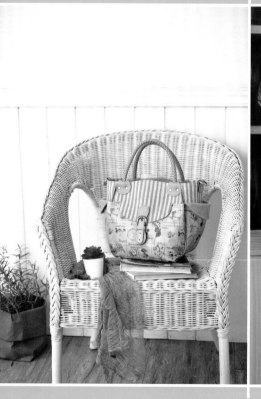

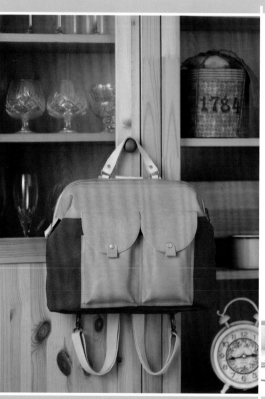

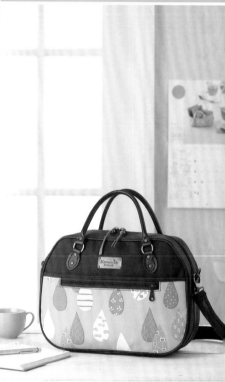

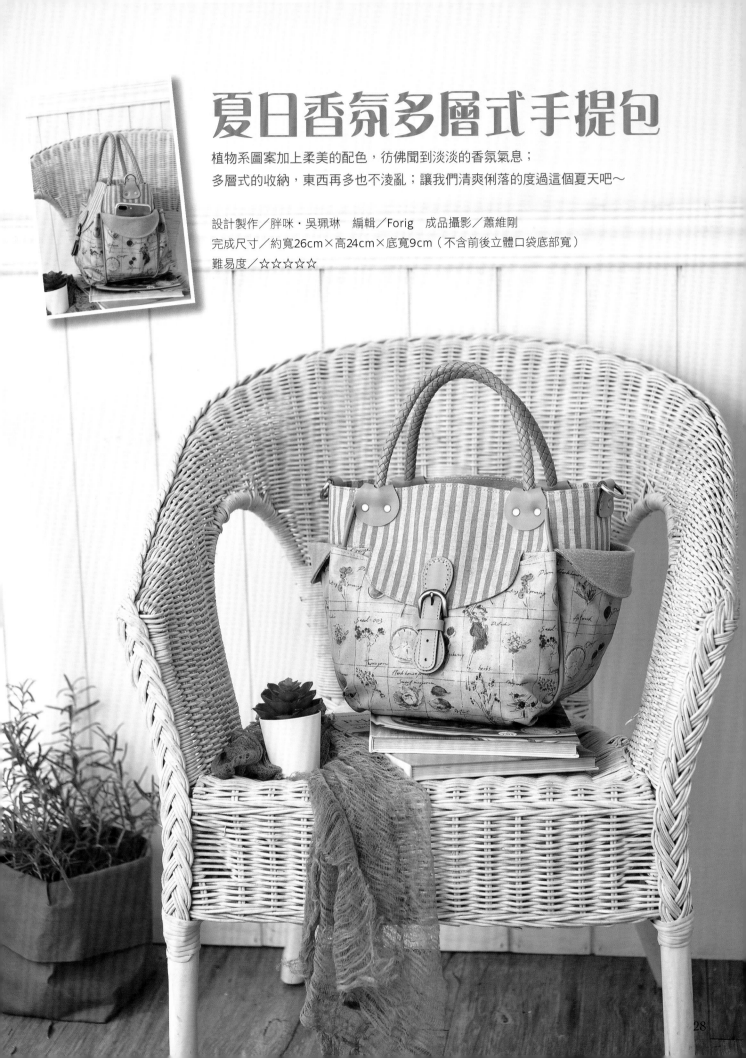

夏日香氛多層式手提包

植物系圖案加上柔美的配色，彷彿聞到淡淡的香氛氣息；
多層式的收納，東西再多也不凌亂；讓我們清爽俐落的度過這個夏天吧～

設計製作／胖咪‧吳珮琳　編輯／Forig　成品攝影／蕭維剛
完成尺寸／約寬26cm×高24cm×底寬9cm（不含前後立體口袋底部寬）
難易度／☆☆☆☆☆

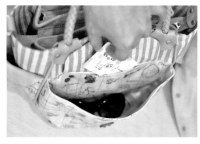

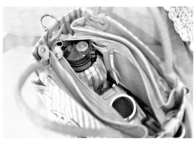

前後袋身都有立
體式袋蓋口袋，
口袋後方還有隱
密的夾層口袋。

內部前後也都設
計了拉鍊口袋，
側邊有放水壺的
鬆緊口袋巧思。

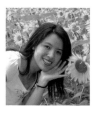

Profile
胖咪 · 吳珮琳

熱愛手作，從為孩子製作的第一件衣物開始，便深陷手
作的美好而不可自拔。

2010 年開始於部落格分享毛線、布作、及一些生活育兒
樂事，也開始專職手工布包的客製訂作。

2012 年起不定期受邀為《玩布生活雜誌》製作示範教學。

2015 年與 kanmie 合著《城市悠遊行動後背包》一書。

Xuite 日誌：萱萱彤樂會。胖咪愛手作

FB 搜尋：吳珮琳

裡面有兩個隔層式拉鍊口
袋，特殊設計又方便取物。

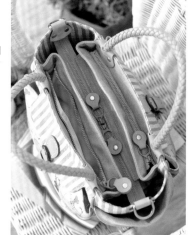

Materials 紙型 Ⓐ 面

用布量參考：

棉麻條紋布：↔60cm×↕70cm、圖案防水布：↔110cm×↕50cm
（厚）合成皮革布：↔20cm×↕13cm、日本8號黃色帆布：↔95cm×↕30cm
粉紅尼龍布：↔150cm×↕55cm。 ※棉麻條紋布需燙襯，其餘不用。

裁布：

表前後袋身

前後袋身	A1	2（圖案）
暗袋	①↔18cm×↕20cm	2（粉尼）
袋蓋表	A2	2（條紋） 燙硬襯，縫份不用燙襯。
袋蓋裡	A3	2（條紋） 燙輕挺襯，縫份不用燙襯。
前後袋身隔層袋	B	表：2（圖案）、裡：2（粉尼）
出芽	②↔3cm×↕75cm	2（薄合成皮革布）

表側袋身

口袋	C	表：2（圖案）、裡：2（黃帆）
上側袋身	D1	2（條紋） 燙輕挺襯，上緣縫份不用燙襯。
袋底	D2	1（厚合成皮革布） 左右側邊不用裁出縫份，請參考步驟（31）圖示。

裡前後袋身、拉鍊口布

拉鍊口布	③↔24cm×↕5cm	2（黃帆）
上貼邊	E1	4（黃帆）
下袋身	E2	4（粉尼）
拉鍊口袋	④↔18cm×↕30cm	2（粉尼）
上貼邊	A4	2（黃帆）
下袋身	A5	2（粉尼）

裡側袋身

鬆緊袋層	⑤↔25cm×↕20cm	1（條紋） 不用燙襯。
側袋身	D（＝D1+D2+D1）	1（條紋） 燙輕挺襯，上緣縫份不用燙襯。

其他配件：3V定吋塑鋼拉鍊（15cm×2條、20cm×2條、35cm×1條）、調整式皮磁扣（長12cm×2組）、編織紋提把（長
41cm×1組）、D環×2個、配合D環使用皮下片×2片、鉚釘數組、塑膠出芽繩約150cm、鬆緊帶約50cm、厚塑膠底板
10cm×20cm×1片（轉角要修圓）。

※紙型未含縫份，請另加1cm縫份，數字尺寸已含1cm縫份。

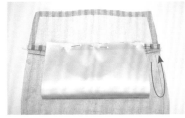

10 刮開接合處縫份後,將①往上摺與袋蓋縫份邊緣對齊,暫用珠針固定。

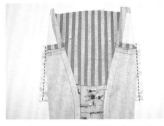

11 先車合口袋兩側。如圖先將表布往中央壓摺露出①縫份後較易車縫。

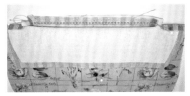

12 最後拿開珠針車合上緣縫份。

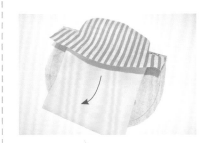

13 如圖車壓袋蓋兩側以固定縫份,完成袋身A的車合。

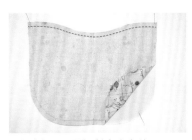

14 表裡B正面相對車合上緣。

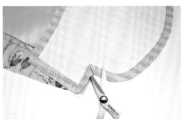

6 於袋蓋表布兩側轉角剪一牙口(距實縫車線約0.2cm,小心不要剪斷車線)。

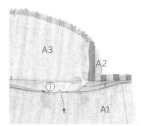

7 另一面的樣子。

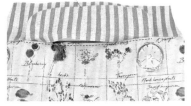

8 將①由中央洞口拉進去,洞口縫份整理好後車壓一道線(需回車)。

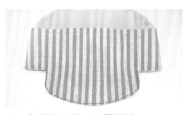

9 袋蓋翻正後,如圖壓線。

★ 製作表袋身

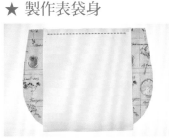

1 將①與A1正面相對,中央對齊,除縫份外車合起來(需回車)。

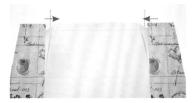

2 兩側縫份往中央摺好,暫用珠針固定。

3 A2、A3正面相對,如圖點對點車合。

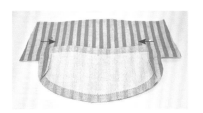

4 A3兩側縫份往中央摺好,暫用珠針固定。

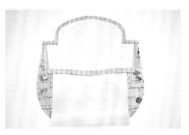

5 A2與步驟1之A1正面相對車合兩側上緣。

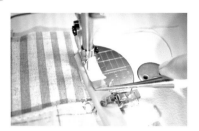

23 用單邊壓布腳疏縫起來。其間可利用錐子邊車邊頂壓,車縫準確度會更好。

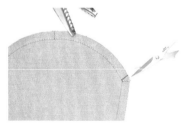

24 一共要完成兩片表前、後袋身。

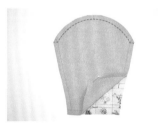

25 取C表、裡布正面相對車合上緣。

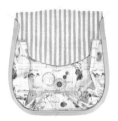

26 轉剪處剪一刀牙口,其餘縫份則修剪成鋸齒狀。

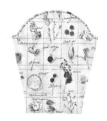

27 翻回正面,沿邊壓線。

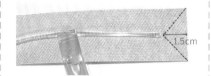

20 將②中央往下1.5cm處做記號,再往兩端角畫摺線,塑膠繩如圖放好,依藍線往內摺,②對摺包住塑膠繩。

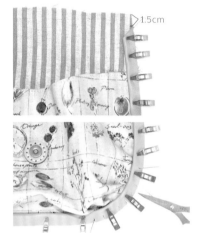

21 再如圖距置於A,沿邊夾好,轉彎處剪牙口以利順型夾合。

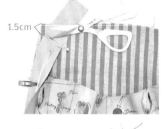

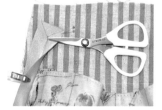

22 夾至另一側邊下1.5cm處剪去多餘的皮革布與塑膠繩,同開始的方法往內摺好並夾固定。

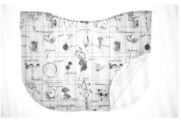

15 將縫份剪鋸齒後,翻正、壓線。

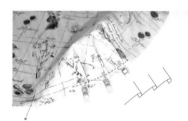

16 依紙型單摺記號打摺並疏縫起來。

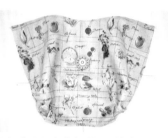

17 依紙型磁扣位置縫上母扣皮片(此示範皮片整體長度為12cm,請依您有的皮片做適當調整或留最後再縫)。

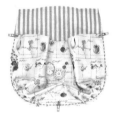

18 將B置於步驟13完成的袋身A,依圖先三點對齊,再疏縫起來。

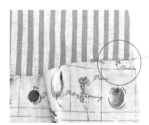

19 左、右側上方對齊方式如圖,與袋蓋是剛好銜接。

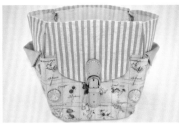

38 不用修剪縫份直接翻回正面，將側身口袋向下翻摺。袋蓋中央縫上皮片公磁扣。

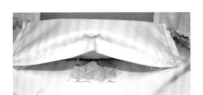

39 利用袋蓋A2與A3間的空隙來做皮片手縫，這樣翻開袋蓋時就不會看到背面的手縫線。剪一塊厚布墊著縫，還可增強表布拉扯耐用度。

★ 製作裡前後袋身 Part1

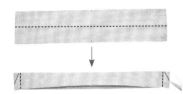

40 拉鍊口布③正面相對摺後，車合兩側邊，角落縫份修掉後翻正，一共完成2片。

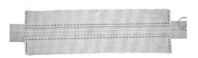

41 將2片③分別置中對齊於35cm拉鍊兩側，車合起來。每次車至轉角時要回車加強車縫。

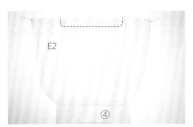

42 取E2與④正面相對中點也對齊好，車合拉鍊框。

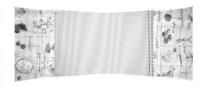

33 將D2與兩片D1都接合好，完成表側袋身D。

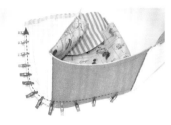

34 表側袋身與表前（後）袋身接合起來。先如圖由下方開始往左上方對齊車合，轉彎處要剪牙口以利順型接合。

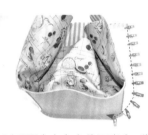

35 再由右上方往下車合，銜接至上一道車合線為止回車固定。

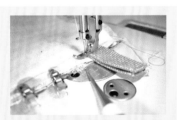

36 車縫小秘訣～廢棄織帶不要丟：如遇高底落差大的地方，可於壓腳後方或前方較低處墊一塊減少落差的織帶，車縫會更為順利喔！

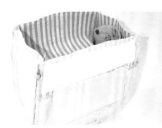

37 另一片表前（後）袋身也與側袋身完成接合。

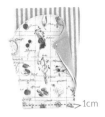

28 與D1下緣對齊後，依實縫線車合。

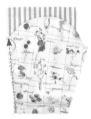

29 再順著兩側邊由下往上疏縫。

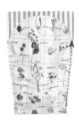

30 一共要完成兩片上側袋身口袋。

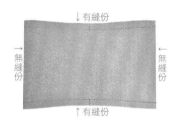

31 取D2厚合成皮革布，左右側邊不用裁出縫份。

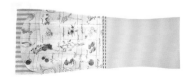

32 直接靠著D1下緣的實縫線車合起來，建議車合二道線，第一道邊距為0.2cm，相隔0.5cm再車合一道。

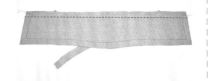

52 取一片E1，與E2正面相對，夾車拉鍊。

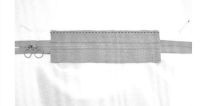

48 接著將口布如圖置中放於其上，疏縫起來。

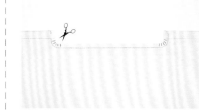

43 框內縫份修小至0.5cm，轉角處剪牙口。

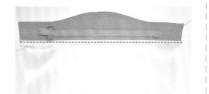

53 翻正後，縫份倒向下，壓線固定。再完成一片E袋身。

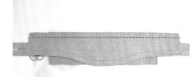

49 取一片E1，與E2正面相對，夾車口布。
※此處車合高低落差大，可參考步驟36的車縫小秘訣喔！

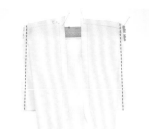

44 翻回正面，用骨筆刮出框型，於後方置入15cm拉鍊沿邊車固定。

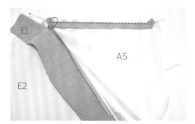

54 取一片A5，參考步驟51將20cm拉鍊另一側置中疏縫其上。

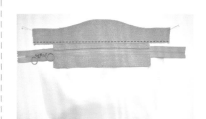

50 翻正後，縫份倒向上再壓線。完成一片E袋身。

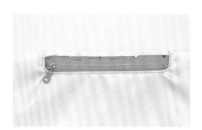

45 ④往上摺與E2上緣平齊（補足拉鍊上方落差）後，暫用珠針固定。

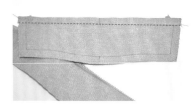

55 再取一片A4，與A5正面相對，夾車拉鍊。

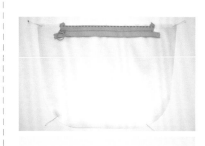

I 0.5cm

往背後摺起

51 取另一片E2，將20cm拉鍊置中疏縫，拉鍊反面與E2正面相對，彼此上緣相距0.5cm。
※注意拉鍊布摺的方式。

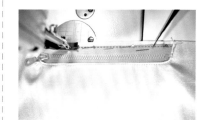

46 先車合口袋兩側。如圖將表布往中央壓摺露出④縫份後較易車縫。

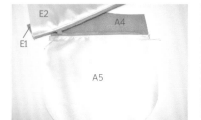

56 翻正後，縫份倒向下，壓線固定。

47 再拿開珠針車合拉鍊上緣。

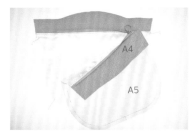

67 參考步驟54～56，取A4、A5
與另一側拉鍊完成接合。

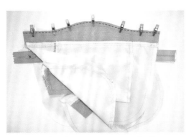

68 參考步驟57～58，將步驟65
與66完成的E袋身彼此正面相
對，上緣車合起來。

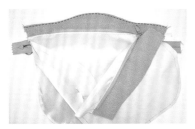

69 縫份剪鋸齒狀後，翻正，壓線
固定。

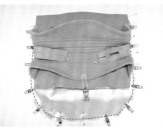

70 參考步驟59～61，沿邊疏縫
起來。

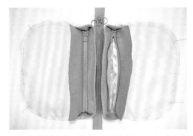

71 裡前後袋身與拉鍊口布完成
的樣子。

★ 製作裡前後袋身 Part2

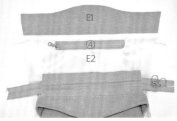

62 取另一組E2與④參考步驟
42～47做出拉鍊口袋後，再取
E1與另一側拉鍊口布備用。

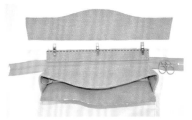

63 將口布置中放於E2上，疏縫起
來。

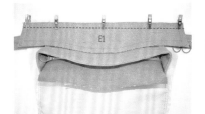

64 E1再與其正面相對車合。

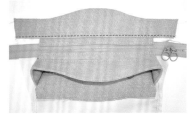

65 翻正後，縫份倒向上，壓線固
定。先放旁邊備用。

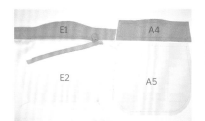

66 參考步驟51～53，取E1、E2、
20cm拉鍊完成左側的E袋身；
右側為A4與A5。

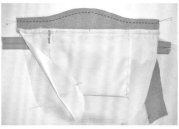

57 步驟50與53完成的E袋身彼此
正面相對，上緣車合起來。

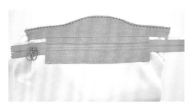

58 縫份剪鋸齒狀後，翻正、壓線
固定。

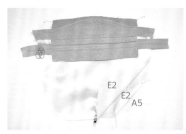

59 如圖所示，粉紅色尼龍裡布照
順序有2片E2及1片A5，將這3
片的下方中央先對準，再往上
沿邊對齊好。

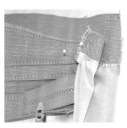

60 尼龍裡布上緣要對準，再順上
去對齊帆布部份。
※這裡可以看到E1及A4是不
等高喔！

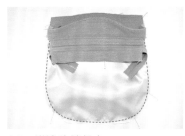

61 沿邊疏縫起來。

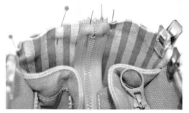

82 上緣貼合好後,將口布之拉鍊頭尾兩端對齊側袋身中央,暫用珠針固定。

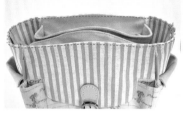

83 距邊0.2cm車合袋口一圈。

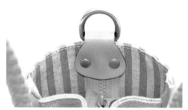

84 皮片穿過D環後,釘於兩邊側袋身中央。

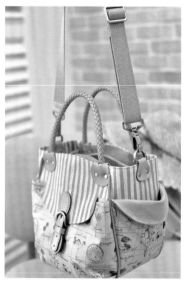

85 於前後袋身釘上提把即完成。
※可另外製作一條斜背/肩背兩用帶,鉤於D環,讓包包有更多背法喔!

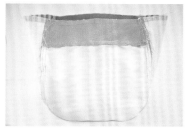

77 再依同法與另一側裡前(後)袋身車合。完成裡袋身。

★ 組合袋身、安裝五金與提把

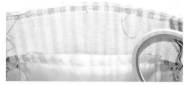

78 在表、裡袋身上緣(要很靠邊緣,避免下針碰到)貼上雙面膠帶。

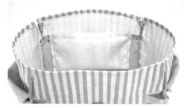

79 撕開雙面膠,將縫份往內摺,要注意前後袋身要順著弧度貼。

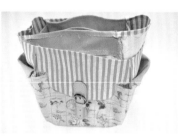

80 表、裡袋身背面相對套好。

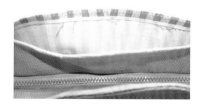

81 在表袋身或裡袋身的縫份貼上雙面膠帶(圖可看見下一步的下針處,也是避開下針處貼即可)。

★ 製作裡側袋身

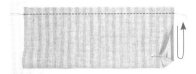

72 取鬆緊袋層⑤之25cm長邊正面相對齊後,車合起來。

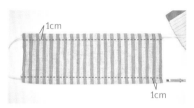

73 翻正後距離上、下緣1cm處各車合一道線,取鬆緊帶穿過上下通道。

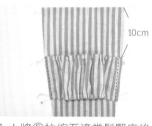

74 將⑤拉縮至適當鬆緊度後(可放水壺測量,原則是不要將D拉到變型),如圖距10cm車於D之一側。

★ 組合裡袋身

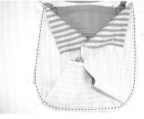

75 將裡側袋身D與步驟71一側的裡前(後)袋身正面相對車合起來。

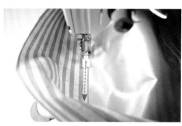

76 縫份倒向D,以0.5cm邊距壓線車合。

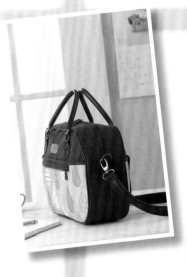

都會美學行動商務通勤包

經典帆布與棉麻布兩種不同風格的配色，
輔以皮革配飾並搭配復古雕刻的金屬元
素，看似十足簡潔的包款，也能帶出俐落
時尚品味，商務、休閒皆百搭！
一個專屬您的行動辦公包、通勤包，拎在
手上方便有型又實用，是今年不可缺席的
包款之一。

設計製作／Kanmie・張芫珍
編輯／Forig　成品攝影／詹建華
完成尺寸／寬34cm×高13cm×底寬10cm
難易度／☆☆☆☆

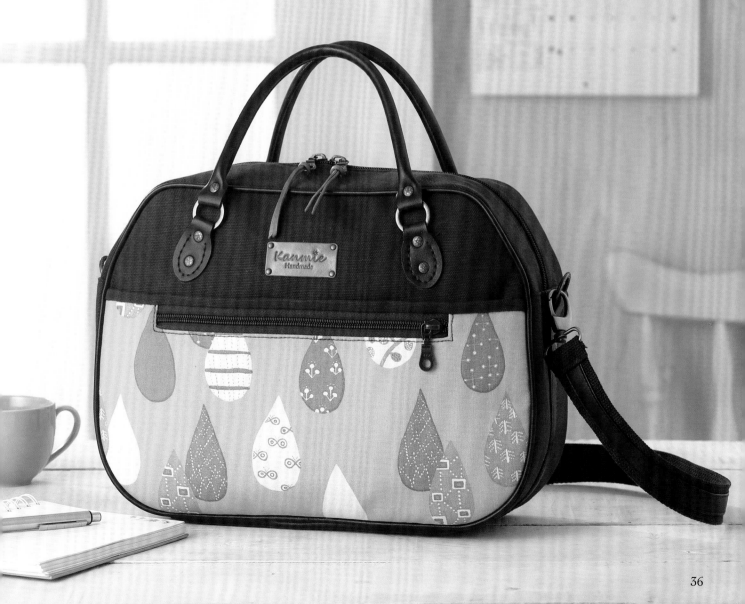

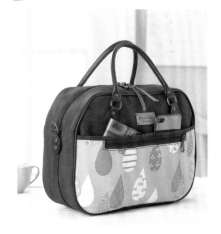

前方隱藏雙口袋，快取隨身物品超方便。

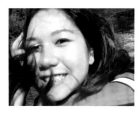

Profile
Kanmie 張芫珍

從小對手作充滿熱忱，喜歡嘗試不同手作領域。喜歡自己正在做的事，做自己喜歡做的事，與您分享生命中的感動！
2013 年 12 月《自由時報週末生活版 · 耶誕布置搖滾風》。
2014 年 1 月《自由時報週末生活版 · 新年月曆 DIY 童趣布作款》。
2015 年與吳珮琳合著《城市悠遊行動後背包》一書。
2017 年起不定期受邀為《Cotton Life 玩布生活雜誌》作品示範教學。

發現幸福的秘密。。。。
http://blog.xuite.net/kanmie/kanmiechang
轉角遇見幸福 Kanmie Handmade
https://www.facebook.com/kanmie.handmade

Materials 紙型 Ⓐ 面

示範布：八號防潑水帆布、日本圖案棉麻布、POLY420D尼龍裡布。

裁布：
※燙襯未註明＝不燙襯。數字尺寸已含縫份；紙型未含縫份。縫份未註明＝0.7cm。

表袋身

袋身後片（上）	紙型A1	1	帆布
袋身後片（下）	紙型A2	裡1	
後口袋	表：紙型B1	1	圖案布（厚布襯含縫）
	裡：紙型B2	1	帆布
袋蓋	紙型C	2	帆布
拉鍊口袋布	①↔16cm×↕22cm	裡1	
袋身前片	紙型A3	1	帆布
前拉鍊袋	紙型B3	表1、裡1	圖案布（厚布襯含縫）
前口袋裡	紙型B2	1	帆布
拉鍊口布	②↔6.5cm×↕44.5cm	表2、裡2	帆布
表側身	③↔13cm×↕66cm	1	帆布
底飾布	④↔13cm×↕24.5cm	1	皮革布（EVA軟墊：11cm×22.5cm）

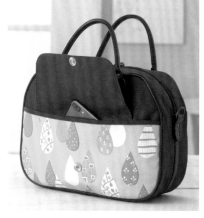

前後皆有多隔層口袋設計，雙隔間、大容量，讓物品輕鬆分類整齊，不再凌亂。

裡袋身

袋身前/後片	紙型A3	2	
裡側身前片	⑤↔6.5cm×↕66cm	1	
裡側身後片	⑥↔8cm×↕66cm	1	
中隔布	紙型D	1	EVA軟墊：D1（D1紙型為實版已含縫份）
包邊條	⑦4cm×115cm（斜布紋）	2	

其它配件：5號尼龍碼裝拉鍊（16cm×1條、26cm×1條、45cm×1條、拉鍊頭×4）、3.2cm日型環×1個，3.2cm龍蝦鉤×2個、18mm雙面撞釘磁鈕×1組、8-10mm鉚釘×9組、4-5mm鉚釘×4組、2cm雕刻圓環×3個、3mm塑膠繩：115cm×2條、2.5cm寬皮革包邊條：115cm×2條、3.5cm寬皮革包邊條（23cm×1條、115cm×1條）、包心皮革提把（長44.5cm×1.2cm）×1組、側皮片（長11cm×寬2.2-3.2cm）×2片、皮革飾片（長6.3cm×寬1.9cm）×1片、3mm寬原色皮革飾條：22.5cm×2條、真皮皮標×1片。

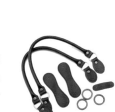

★ 製作袋身後片

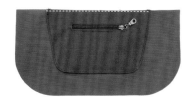

10 將步驟7完成之袋蓋先置中疏縫於表袋身後片(下)A2上方平口處,袋蓋裡布朝A2正面。

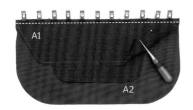

11 再將表袋身後片(上)A1與表袋身後片(下)A2正面相對,夾車袋蓋車縫固定。

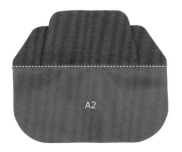

12 翻回正面並將袋蓋往上掀,縫份倒向袋身後片(下)A2,於A2沿邊壓線0.2cm固定縫份。

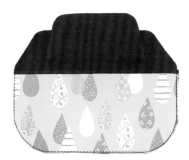

13 再將步驟9完成之後口袋疊放於表袋身後片(下)A2上,口袋下方與A2齊邊,沿邊疏縫固定。

返口

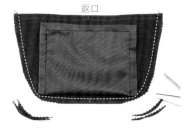

6 再與另一片袋蓋C正面相對,依圖示車縫,平口處為返口不車。再用鋸齒剪修剪圓弧處縫份。

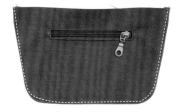

7 翻回正面將縫份順好,沿邊壓線0.2cm固定。完成袋蓋。

★ 製作後口袋

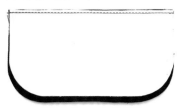

8 後口袋表布B1與裡布B2正面相對,車合上方平口處。

落針壓線→

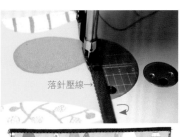

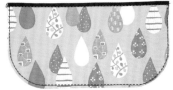

9 縫份倒向B2裡布,並將B2往上並向後翻摺順好,表、裡下方齊邊。於B1表布沿邊落針壓線固定,製作假包邊。再將表、裡下方疏縫固定。

★ 製作袋蓋

3cm

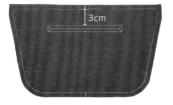

1 取袋蓋C表布一片,依圖示於背面畫12cm×1cm一字拉鍊框及Y字開口記號線。

2cm

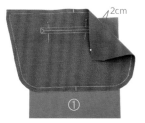

①

2 將拉鍊口袋布①置於下層並與袋蓋正面相對,依圖示位置用珠針別好。

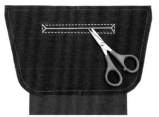

3 沿拉鍊框線車縫一圈固定,並於框線中剪Y字開口,小心不要剪到縫線。

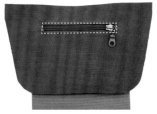

4 將口袋布由開口處翻出,並翻正順好。取16cm碼裝拉鍊裝上拉鍊頭並置於下層,沿框車壓一圈將拉鍊車縫固定。

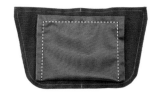

5 再將拉鍊口袋布①往上對摺齊邊,抓起並沿邊車縫1cm將口袋布三邊車合。
※注意:此處縫份預留較小,用窄邊壓布腳會比較好車縫。

★ 製作前拉鍊袋

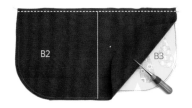

21 再與前口袋裡B2正面相對，車合上方平口處。並於B2背面畫中隔記號線。(註：此處利用帆布雙面皆可用的特性，故拉鍊袋內袋無另加裡布。)

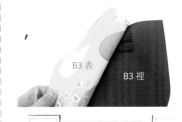

17 將前拉鍊袋B3表、裡布正面相對，置中夾車26cm碼裝拉鍊到兩端止縫點，拉鍊正面朝表布正面。

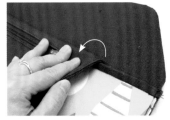

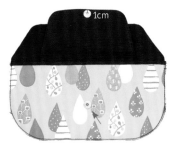

14 依圖示先於袋蓋安裝磁釦公釦，再將袋蓋下摺並順好，於後口袋對應位置安裝磁釦母釦。
※注意：此處下摺時需預留些鬆份再安裝母釦。

22 縫份倒向B2，將B2往上並向後翻摺順好，下方齊邊。於前拉鍊袋B3沿邊落針壓線固定，製作假包邊。完成前拉鍊袋。

★ 製作袋身前片與隱藏式雙口袋

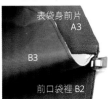

23 掀開前拉鍊袋B3，將前口袋裡B2疊放於表袋身前片A3，正面相對、下方齊邊夾好。

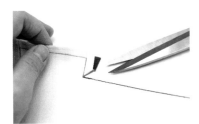

18 再於兩端轉角處剪牙口。
※注意：表、裡布都要剪，小心不要剪到拉鍊。

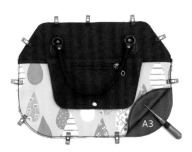

15 依紙型標示位置先縫上提把，再與裡袋身後片A3背面相對，沿邊疏縫一圈固定。

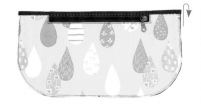

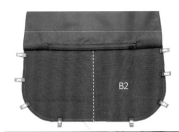

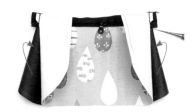

19 翻回正面並從尾端裝上拉鍊頭，再分別將兩側表、裡縫份正面相對依圖示翻摺，夾車拉鍊頭尾兩端車縫固定。

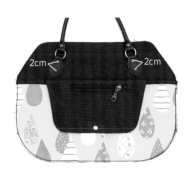

16 於提把兩側圖示位置釘上鉚釘，將表、裡與提把一起加強固定。完成袋身後片。

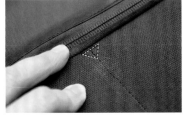

24 再車縫口袋中隔線，並於上方袋口處車縫三角形加強固定口袋，小心不要車到拉鍊。

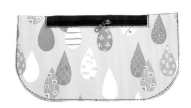

20 翻正將縫份順好，並將表、裡下方齊邊，沿框邊壓線0.2cm固定，再將表、裡沿邊疏縫固定。

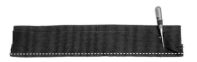

33 翻回正面並將表、裡齊邊順好,沿邊壓線0.2cm固定。

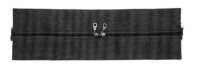

34 取另一拉鍊口布②表、裡布正面相對,夾車拉鍊另一側。

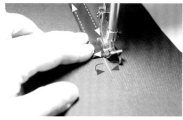

35 翻回正面並將表、裡齊邊順好,沿邊壓線0.2cm固定,再從兩端裝上拉鍊頭對拉。

★ 製作側身

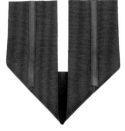

36 取3.5cm寬皮革包邊條23cm兩條,分別將包邊條背面兩側往中間摺並用雙面膠輔助固定。再置中於表側身兩端,沿邊壓線0.2cm固定皮革。

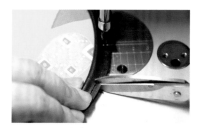

29 再置於步驟16袋身後片底部中心開始沿邊疏縫一圈,並於包邊條轉彎處剪牙口輔助車縫。

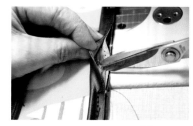

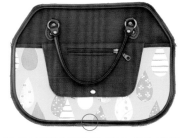

30 車到尾端重疊處時,將包邊條尾端重疊約1.5cm並剪掉多餘塑膠繩後再車合。完成袋身後片包繩。

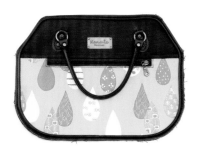

31 同作法,完成袋身前片包繩。

★ 製作拉鍊口布

32 拉鍊口布②表、裡布正面相對,夾車45cm碼裝拉鍊,拉鍊正面朝表布正面。

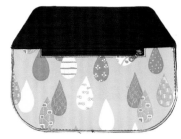

25 將前拉鍊袋B3放下,沿邊疏縫固定。完成隱藏式雙口袋。

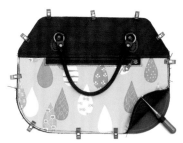

26 依紙型標示位置先縫上提把,再與裡袋身前片A3背面相對,沿邊疏縫一圈固定。

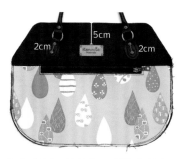

27 依圖示於提把兩側釘上鉚釘,將表、裡與提把一起加強固定,再將皮標用4-5mm鉚釘固定。完成袋身前片。

★ 製作包繩

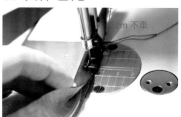

28 取2.5cm寬包邊條110cm對摺夾入塑膠繩疏縫,頭尾留5cm先不車。

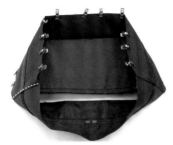

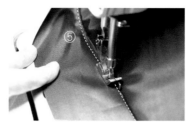

46 翻正並將表、裡側身套合順好,沿邊壓線0.2cm。再將兩側邊表、裡一起疏縫固定。

42 將縫份倒向裡側身前片⑤,於⑤正面沿邊壓線0.2cm將縫份車壓固定。完成裡側身。

37 將皮革底飾布④兩側縫份內摺並包覆EVA軟墊,用強力夾固定。

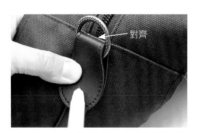

對齊

★ 組合側袋身

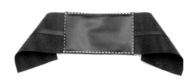

47 取側皮片對摺套入雕刻圓環後,將皮片對摺處對齊拉鍊口布尾兩端接合處,置中並找出對應點,用鉚釘將皮片固定於側身。

38 再置中疊放於步驟36表側身底部正面上方,先於兩端沿邊壓線0.2cm固定飾布,再將兩側邊疏縫固定。完成表側身。

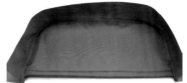

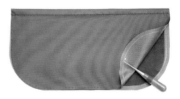

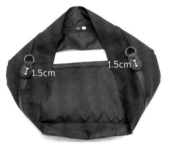

1.5cm   1.5cm

43 將裡側身與步驟38表側身正面相對,夾車步驟35拉鍊口布一端,拉鍊口布正面朝表側身正面。

39 取中隔布D於摺雙處背對背對摺並夾入EVA軟墊D1,再於平口處壓線1.5cm固定並沿邊疏縫。

48 再依圖示間隔距離,於兩側皮片分別再釘上鉚釘加強固定,完成側袋身。

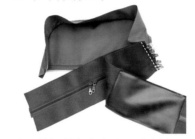

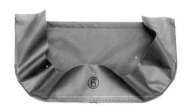

⑥

★ 組合袋身

44 翻正將表、裡側身順好,沿邊壓線0.2cm將表、裡一起固定。

40 將裡側身後片⑥與中隔布正面相對、底部中心點對齊,沿邊疏縫固定。

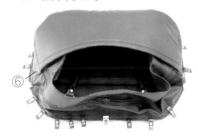

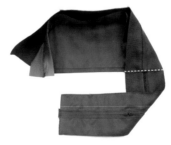

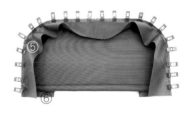

⑥

⑤

⑥

49 將側袋身表布與步驟30袋身後片表布正面相對,裡側身後片⑥對應著袋身後片裡布,將上下中心點對齊並依紙型標示對應記號夾好,車縫一圈組合固定。

45 再將裡側身與表側身正面相對,夾車拉鍊口布另一端。

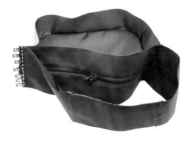

41 再將裡側身前片⑤與裡側身後片⑥正面相對,中心點對齊,依圖示夾車中隔布D車縫固定。

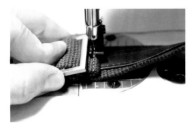

57 將前端3cm處先穿過日型環,並將織帶尾端內摺車縫固定。

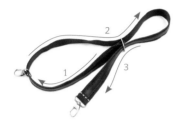

58 依圖示穿入龍蝦鉤後並穿回日型環,再於尾端套入另一個龍蝦鉤後,將織帶尾端內摺,車縫固定。

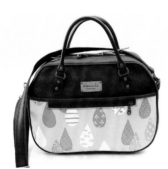

59 扣上背帶,完成。

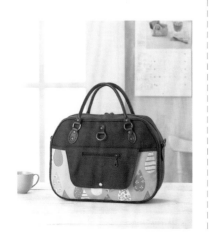

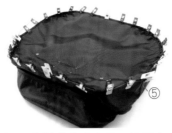

53 將側袋身表布另一邊再與步驟31袋身前片表布正面相對,裡側身前片⑤對應著袋身前片裡布,將上下中心點對齊並依紙型標示對應記號夾好,車縫一圈組合固定。

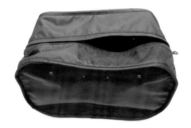

54 同作法50～51,取另一包邊條⑦,將內袋縫份包邊。

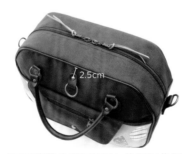

55 將袋身翻回正面,依圖示位置將皮革飾片套入雕刻圓環後用鉚釘固定。再於袋口拉鍊頭處穿入3mm原色皮革飾條。

★ 製作背帶

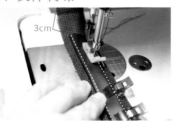

56 取3.5cm寬皮革包邊條115cm一條,將包邊條背面兩側往中間摺並用雙面膠輔助固定,再置中於織帶上且織帶前端需預留3cm。再於兩側沿邊壓線0.2cm固定。

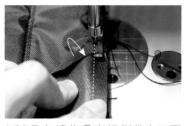

50 取包邊條⑦與裡側袋身正面相對,先於前端內摺1cm,再沿邊車縫一圈組合固定。車到尾端重疊約2cm並剪掉多餘的包邊條再車合。

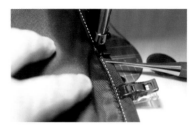

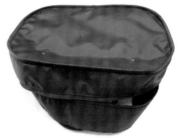

51 再將包邊條另一邊縫份內摺並向後翻摺且蓋住車線,沿邊車壓0.2cm固定,將內袋縫份包邊。

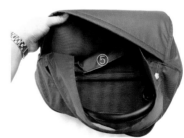

52 掀開中隔布D並將裡側身前片⑤翻出來。

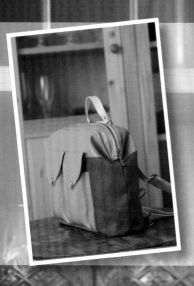

雙口袋後背醫生口金包

運用皮革與帆布不同的材質搭上對比的配色，有搶眼的衝突美感，造就出獨具魅力與個性的包款。前方的雙口袋為特色，可放隨身的3C產品；支架口金的拉鍊開口設計，讓款式更立體有型。

製作示範／LuLu　編輯／Forig　成品攝影／詹建華
完成尺寸／寬36cm×高26cm×底寬11.5cm
難易度／☆☆☆☆

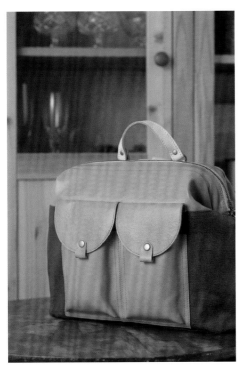

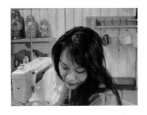

Profile
LuLu

熱愛手作生活並持續樂此不疲著，因為：
" 創新創造不是一種嗜好，而是一種生活方式。"
。原創手作包教學／布包皮包設計繪圖
。著作：《職人手作包》，《防水布的實用縫紉》，《職人精選手工皮革包》
。雜誌專欄：Cotton Life 玩布生活，Handmade 巧手易
。媒體採訪：自由時報、Hito Radio、MY LOHAS 生活誌……

FB 搜尋：LuLu Quilt – LuLu 彩繪拼布巴比倫
部落格：http://blog.xuite.net/luluquilt/1

前方兩個袋蓋式雙口袋，放兩支
手機或隨身充電器都很合適。

Materials 紙型 Ⓑ 面

裁布：
※除特別指定外，縫份均為0.7cm。

表A_皮	47×9.5cm（含縫份）	2
表B_布	47×21.5cm（含縫份）	2
表／裡底C	紙型（縫份外加0.7cm）	各1
拉鍊口D_皮	43.5×3.5cm（含縫份）	表2、裡2
前口袋E_皮	紙型	2
前口袋袋蓋表／裡F_皮	紙型	各2
前口袋袋蓋扣絆G_皮	紙型	2
前／後裡布H	47×9.5cm（含縫份）	2
前／後裡布I	47×21.5cm（含縫份）	2
貼邊一字拉鍊口袋布	20×32cm（含縫份）	1
雙格口袋布	30×30cm（含縫份）	1
內裡大口袋J_皮	紙型	2
內裡大口袋J貼邊_皮	20×3cm	2
後背織帶遮蓋皮片	紙型	2
後背短帶布	6×12cm	2
持手掛耳	紙型	2
持手掛耳裡側皮片	3×3cm	2
拉鍊尾皮片	3.5×5cm	2

其它配件：撞釘磁釦×3組、寬3cmD型環×2個、6×6mm鉚釘×4組、長45cm開尾拉鍊×1條、寬3cm棉織帶長100cm×2條、寬3cm日型環×2個、寬3cm問號勾×2個、寬2cmD型環×2個、8×8mm鉚釘×2組、長15cm拉鍊×1條、30cm微冂型口金支架×1組、短持手×1組。

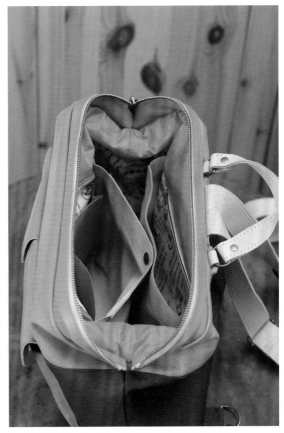

包款內部有各式口袋，容量大，物品輕鬆分類
收納無負擔。

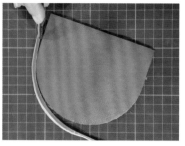

10 切割成正確尺寸形狀。

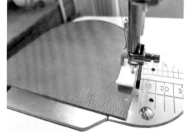

11 U形邊壓車臨邊線。

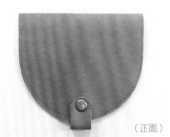

（正面）

（反面）

12 扣絆G對折，和磁釦公釦釘合於適當位置。

★ 製作前表袋身

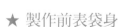

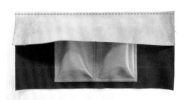

13 將步驟7完成的表B上邊與表A正面相對縫合。

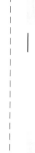

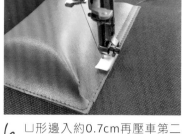

6 ∪形邊入約0.7cm再壓車第二道線。

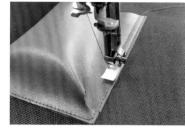

7 前口袋車縫固定如圖。共需完成兩組前口袋。

★ 製作前口袋袋蓋

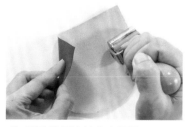

8 粗裁前口袋袋蓋表／裡各一片，於反面均勻薄塗強力膠。兩片對貼。

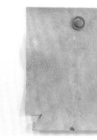

9 用滾輪壓滾使密合平整。

★ 前口袋和表 B 的製作

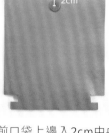

2cm

1 於前口袋上邊入2cm中央位置釘上撞釘磁釦母釦。

2 （裡側）在面蓋下方墊一枚圓形皮片一起釘合以做為補強。

3 ∪形邊貼上雙面膠帶。

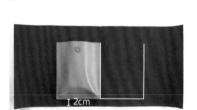

2cm

4 在表B標記前口袋位置（表B下邊入2cm，以表B中線作為兩個前口袋的連接線，往左往右各畫一12×15cm的∪形）。並貼上前口袋。

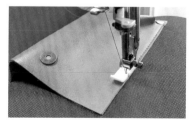

5 ∪形邊壓車臨邊線。

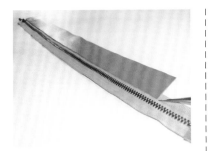

23 以雙面膠帶將一枚拉鍊口皮
片表與拉鍊貼好,皮片一長邊
與拉鍊布上的織紋對齊為準。

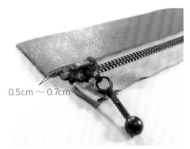

0.5cm～0.7cm

24 並且,拉鍊頭端距離皮片端至
少0.5cm～0.7cm。

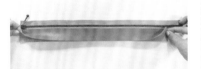

25 下方相同位置則貼上拉鍊口
皮片裡,形成夾貼拉鍊的狀
態。

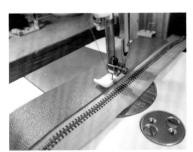

26 車縫臨邊線固定。

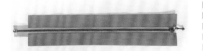

27 同法,取另二片拉鍊口皮片表
和裡,夾車拉鍊的另一邊。

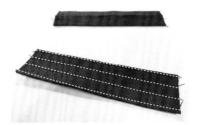

18 接下來製作後背短帶布。於短
帶布反面畫一中線→兩長邊
往中線折入併攏→兩側壓車臨
邊線,中線兩旁也各壓車一道
直線。

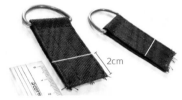

2cm

19 穿入D型環,對折,下邊入2cm
畫一道記號線。

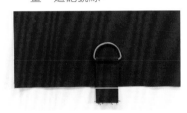

20 短帶布上的記號線與後表下
邊對齊。

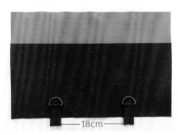

18cm

21 粗縫兩組短帶固定於後表(兩
組短帶間距為18cm)。至此,
完成後表的製作。

★ 製作拉鍊口

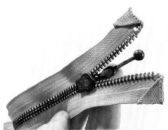

22 準備長45cm開尾拉鍊一條,
拉鍊頭端布折入再對角折,黏
貼固定好。

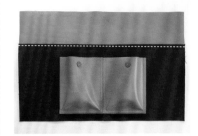

14 表A往上翻,縫份倒向下,壓車
一道直線。

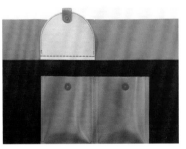

15 取一組袋蓋,正面朝下,車縫固
定於如圖所示位置(車縫縫份
0.7cm)。

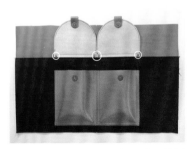

16 兩組袋蓋車縫固定完成,並於
兩端以6×6mm鉚釘補強固定。
完成前表的製作。

★ 製作後表袋身

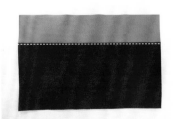

17 取另一片表A和表B接縫成一整
片,再同步驟14壓線,作為後
表。

★ 製作內裡雙格口袋和前裡布

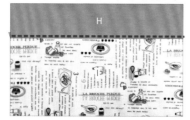

37 前裡布I上邊接縫前裡布H，縫份倒向H並壓車，成為前裡布一整片。

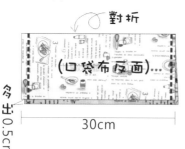

對折

(口袋布反面)

多出0.5cm

30cm

38 接著製作雙格口袋。口袋布對折，一邊多出0.5cm，車縫左右兩側。

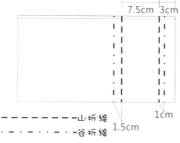

39 翻回正面，整燙，上邊壓車臨邊線。

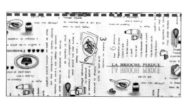

7.5cm 3cm

1cm

1.5cm

─ 山折線
─ 谷折線

40 依圖示標記山谷折線。

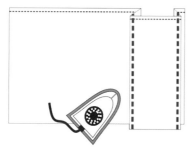

41 燙好折痕之後，在山折線上分別壓車一道直線。

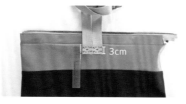

3cm

32 車縫二條織帶固定於後表中央如圖所示位置。

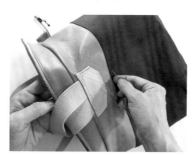

33 再縫上遮蓋皮片。

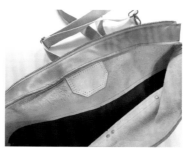

34 要連同裡側的皮片一起縫合。

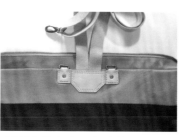

35 遮蓋皮片兩旁則縫上持手掛耳。

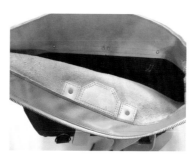

36 要連同裡側的皮片一起縫合。中央處釘上8×8mm鉚釘補強固定。

★ 製作表袋身

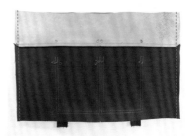

28 前後表袋身正面相對，車縫兩側。

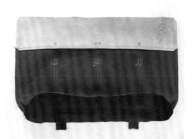

29 下邊和表底C正面相對縫合。

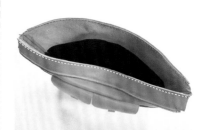

30 翻回正面，拉鍊口皮片正面朝下，置中對齊於前後表上邊，粗縫固定。完成表袋身。

★ 製作後背帶與持手掛耳

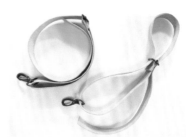

31 長100cm織帶先穿入日型環，然後穿入問號勾，再往回穿入日型環，收尾折二折車縫二道線固定。共需完成二條。

★ 製作內裡大口袋 J

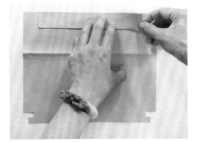

51 在內裡大口袋J上邊中央位置貼上一枚貼邊。

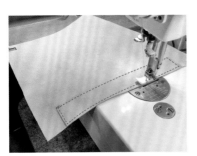

52 沿著貼邊四周車縫臨邊線固定。

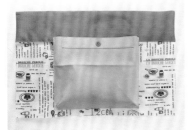

53 共準備好兩片,並釘上撞釘磁釦公／母釦。

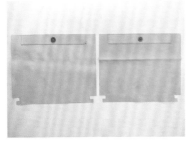

54 先在前裡布下邊入2cm中央位置畫24×20cm的ㄇ形口袋位置記號線。再車縫固定大口袋J。作法參照前口袋的製作。

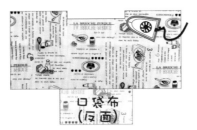

46 口袋布翻到裡布後面,整燙。

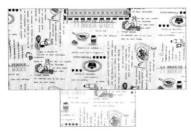

47 將長15cm拉鍊以雙面膠帶貼於ㄇ形框後面,注意置中對齊,沿著ㄇ形框臨邊線車縫固定。

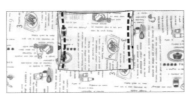

48 翻到背面,口袋布往上對折,車縫兩側。

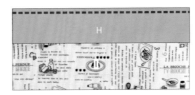

49 後裡布I上邊和後裡布H正面相對縫合。

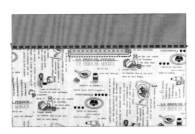

50 裡布H往上翻,縫份倒向上並壓車。以上,完成貼邊一字拉鍊口袋和後裡布的製作。

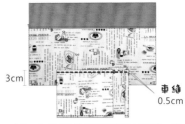

42 口袋與前裡布正面相對,如圖,車縫固定於中央適當位置。

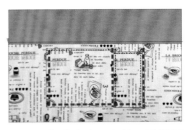

43 口袋往上翻,車縫ㄇ形邊固定,並車上口袋分隔線。以上,完成雙格口袋和前裡布的製作。

★ 製作內裡貼邊一字拉鍊口袋和後裡布

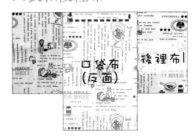

44 先在口袋布上邊中央畫一16×2cm的ㄇ形記號線,再將口袋布正面朝下,和後裡布I上邊置中對齊,沿著ㄇ形記號線縫合。

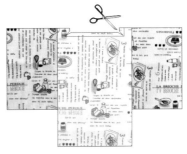

45 ㄇ形外的縫份僅留0.7cm其餘的修剪掉;轉角處需剪牙口,注意不要剪到縫線。

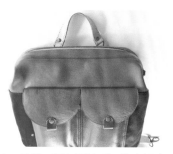

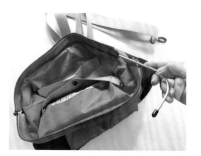

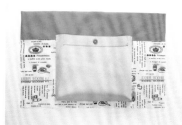

6| 最後，釘上短持手，縫合裡布返口即完成。

59 由裡布返口翻回正面。將口金支架穿入拉鍊通口。

55 同法，車縫固定大口袋J和後裡布。

★ 製作裡袋身

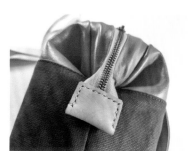

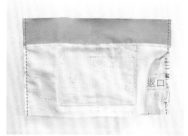

60 拉鍊尾以皮片對折包覆縫合。

56 前後裡布正面相對，車縫兩側，需預留一返口約12cm不縫。

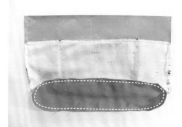

57 下邊和裡底C正面相對縫合。至此，完成裡袋身。

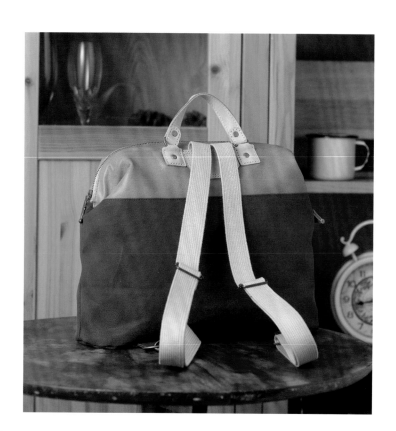

★ 組合全體

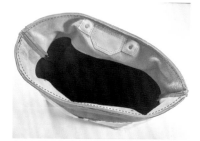

58 表袋套入裡袋，正面相對，上邊縫合。

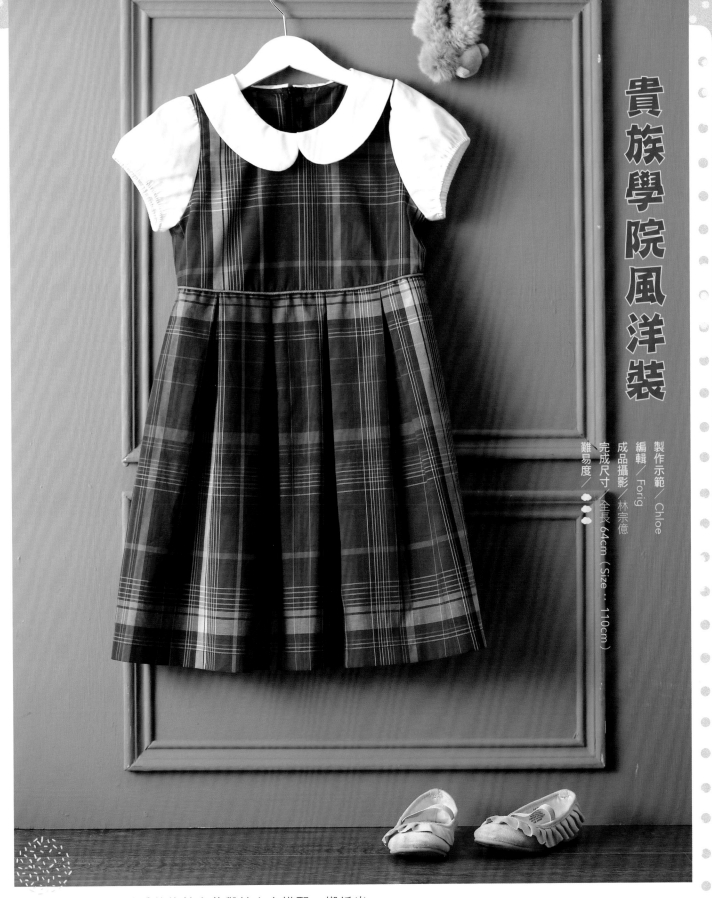

製作示範／Chloe

編輯／Forig

成品攝影／林宗億

完成尺寸／全長64cm（Size：110cm）

難易度／

貴族學院風洋裝

色彩亮麗有設計感的格紋布花與純白布搭配，襯托出
整體的質感，袖口抽細摺和摺裙的細節，讓洋裝更加
端莊有氣質，穿上它就像貴族的小公主般引人注目，
每位小女孩都該擁有一件學院風洋裝。

樣衣及紙板尺寸為 110　　單位：公分

全長	64cm
肩寬	25cm
腰圍	66cm
袖長	12cm
衣寬（胸圍一圈）	70cm

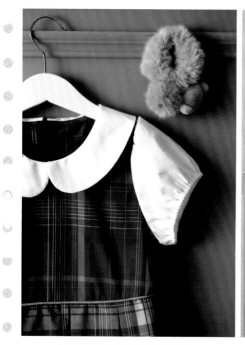

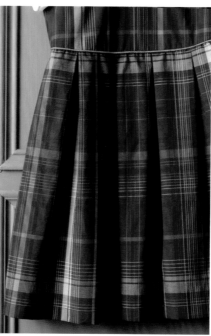

Profile

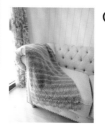

Chloe

如果要說
有什麼可以在這個繽紛多彩的世界裡
留下感情與溫度的東西
那…一定是手作。

FB 搜尋：HSIN Designg 手作

Materials
紙型 B 面

用布量：主布 1 碼（145cm 寬）、白色純棉布 1 尺（150cm 寬）、桃紅色純棉布適量、薄布襯適量。

裁布：
主布

前身片	紙型	1 片
後身片	紙型	2 片（左右各 1 片）
裙片	長 42cm × 寬 138cm	1 片（下襬縫份 3cm）

白色純棉布

領片	紙型	4 片（左右各 2 片）
袖片	紙型	2 片（左右各 1 片，袖口縫分半吋）

其它配件：3mm 棉繩 68cm 長、15 吋隱形拉鍊（約 38cm 長）、4mm 鬆緊帶 50cm 長。
※ 以上紙型未含縫份，若紙型無標示縫份數字，皆為 1cm。

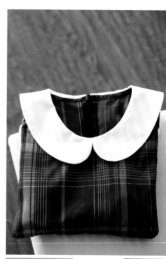

裙片打褶標示圖：

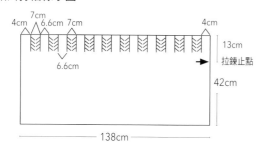

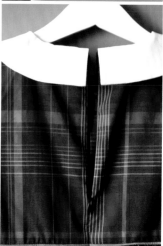

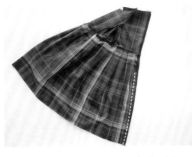

10 將裙片從拉鍊止點車縫到底。

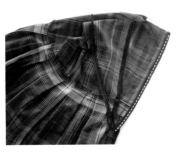

11 車縫左半邊隱形拉鍊。

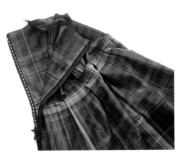

12 車縫右半邊隱形拉鍊。

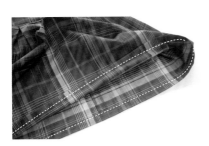

13 裙襬車光：往內折 1cm，再往內折 2cm，靠邊緣處 0.1cm 的位置車縫固定。

製作裙片

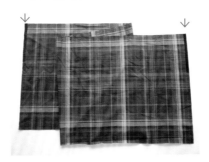

06 於裙片上拉鍊的位置燙 1cm 寬的直布襯（超過拉鍊止點 2cm）。

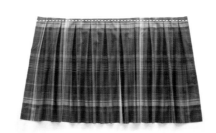

07 裙片依 P.51 打褶標示圖的記號打褶，並大針車縫固定。

組合身片和裙片

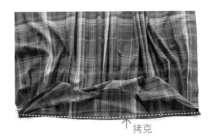

08 將身片與裙片縫合後，進行拷克。

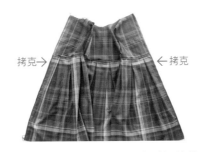

09 洋裝的後中進行拷克（裙片的縫份往上倒向身片）。

製作前後身片

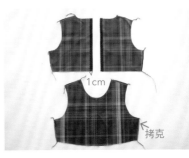

01 將前後身片的肩膀和脇邊拷克，並於後身片上拉鍊的位置燙 1cm 寬的直布襯。

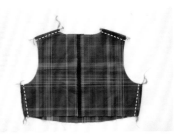

02 車縫前後身片的肩膀和協邊，並將縫份燙開。

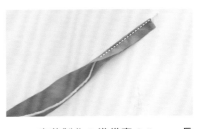

03 出芽製作：準備寬 2.5cm、長 68cm 的斜布條與 3mm 棉繩。將斜布條對摺夾住棉繩壓線。

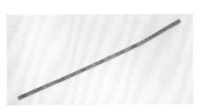

04 壓線到底，即可完成出芽。

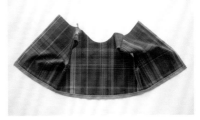

05 將完成的出芽車縫在身片上。

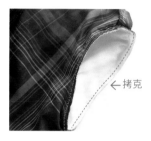

22 請將公主袖的細褶，集中在肩點的左右各 5cm。

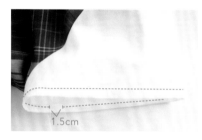

23 袖片與袖圈縫合，並進行拷克一圈。

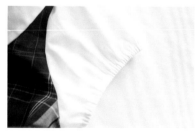

24 袖口往內折 0.5cm，再往內折 0.7cm，靠邊緣處 0.1cm 的位置車縫固定。（從袖脇下開始車縫，留 1.5cm 的距離不車，以便穿鬆緊帶）。

25 剪一段 25cm 長的鬆緊帶，袖口處穿好鬆緊帶後，再把 1.5cm 的缺口車縫起來，並將鬆緊帶拉平均，形成抽皺，車縫好左右袖子即完成。

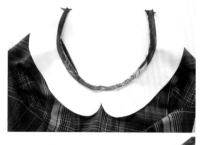

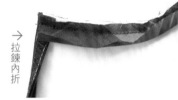

18 將斜布條車縫於領圈上後，將縫份修剪至 0.4cm。※ 注意：要先把拉鍊縫份內折。

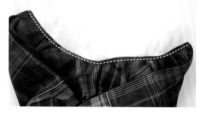

19 將斜布條往內折，靠邊緣處 0.1cm 的位置壓線。※ 注意：不要壓到白色領片。

製作袖子

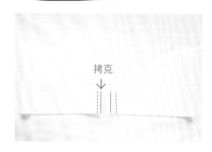

20 袖脇縫合，並進行拷克。

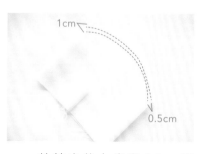

21 於袖山的上半段 0.5cm 和 1cm 以粗針距做疏縫，拉緊兩條線做抽褶。

製作領子

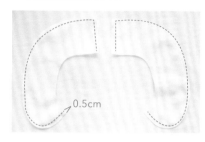

14 取領片並燙上襯。再兩兩正面相對車縫領片，並將縫份修剪至 0.5cm。

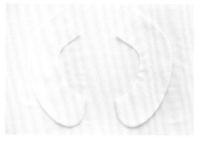

15 將領片翻到正面且整燙。

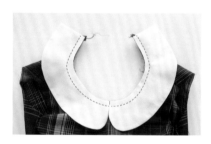

16 將領片大針車縫固定於領圈上。※ 注意：不要壓到隱形拉鍊。

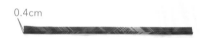

17 準備寬 2cm× 長 38cm 的斜布條，一邊往內折燙 0.4cm 的寬度。

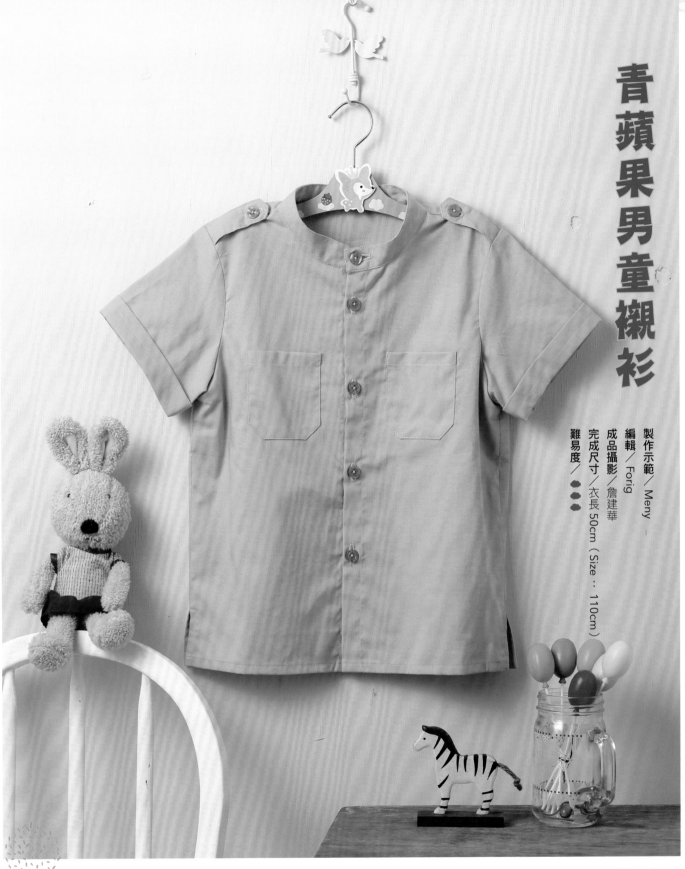

製作示範／Meny

編輯／Forig

成品攝影／詹建華

完成尺寸／衣長50cm（Size：110cm）

難易度／●●●

青蘋果男童襯衫

亮麗又討喜的青蘋果色，穿在小男童身上，

更顯得活潑有朝氣，在入學典禮的時候穿上吧！

讓寶貝在新環境中成為注目焦點，

說不定會得到更多關注喔～

樣衣及紙板尺寸為110～120　單位：公分

衣長	50cm
領圍	38cm
肩寬	31.5cm
袖圍	31cm
袖長	14cm
腰圍（半圈）	37.5cm

54

洋裁課程
通學日童裝

Profile

Meny

經歷：
愛爾娜國際有限公司商品行銷部資深經理
簽約企業手作、縫紉外課講師
縫紉手作教室創業加盟教育訓練講師
永豐商業銀行ＶＩＰ客戶手作講師
布藝漾國際有限公司手作出版事業部總監

公司名稱：愛爾娜國際有限公司

經營業務：日本車樂美 Janome 縫衣機代理商
　　　　　無毒染劑拼布專用布料進口商
　　　　　縫紉週邊工具、線材研發製造商
　　　　　簽約企業縫紉手作課程教學
　　　　　縫紉手作教室創業、加盟

信義直營教室：
台北市大安區信義路四段 30 巷 6 號（大安捷運站旁）
Tel：02-27031914　Fax：02-27031913
師大直營教室：
台北市大安區師大路 93 巷 11 號（台電大樓捷運站旁）
Tel：02-23661031　Fax：02-23661006

Materials
紙型 B 面

用布量：**主色布** 110cm 寬 ×3 尺。

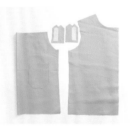 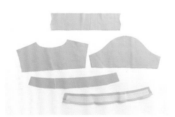

裁布：

領片	紙型	2 片（1 片燙薄布襯）
前衣身片	紙型	2 片
袖片	紙型	2 片
袖口反折布	紙型	2 片
肩章	紙型	2 片（各燙一半薄布襯）
後衣身上片	紙型	2 片
後衣身下片	紙型	1 片
前口袋片	紙型	2 片

其它配件：釦子 ×7 顆。

※ 以上紙型未含縫份。

※ 縫份留法：紙型上皆有標註。

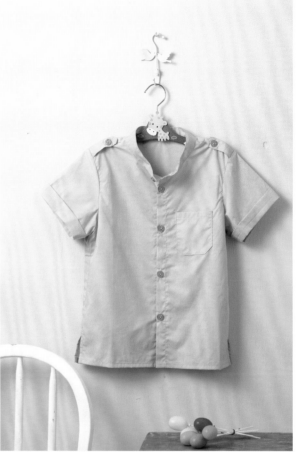

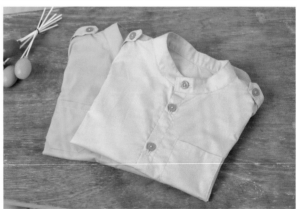

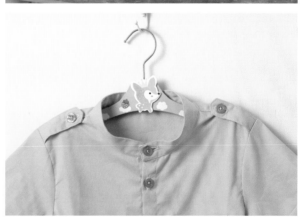

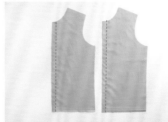

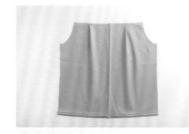

09 前衣身兩側脇邊也要拷克。

05 取前衣身，門襟處折燙好壓線，完成 2 片。

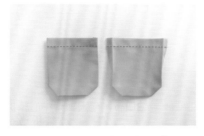

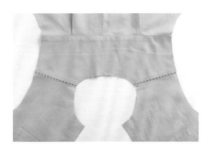

10 翻回正面，肩線縫份倒向後衣身，正面壓線固定。

06 取 2 片前口袋，上方處折燙好壓線，周圍邊的縫份內折燙好。

01 取後衣身下片依摺份記號摺起，摺份往兩側倒，疏縫固定。

製作領子和肩章

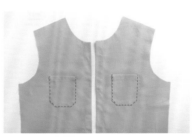

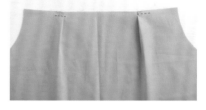

07 將口袋擺放在前衣身紙型標示記號位置，沿邊壓線固定。

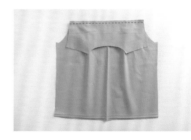

11 取 2 片領片正面相對，有燙襯那一片下邊往內折燙，其餘三邊車縫固定。※ 注意起頭結尾處，與邊留約 0.7cm，不要車到底。

組合前後衣身

02 將後衣身上片與下片正面相對車縫。

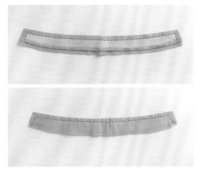

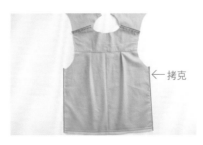

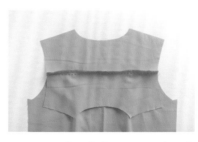

03 另一上片擺放在下片後方，車縫固定，形成夾車下片。

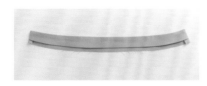

08 將前後衣身正面相對，車縫肩線並拷克，還有後衣身兩側脇邊拷克。

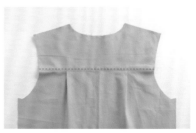

12 縫份剪牙口，翻回正面，領片整燙好備用。

04 翻回正面，沿上片邊壓線，其餘周圍對齊疏縫。

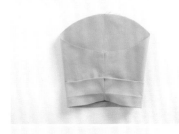

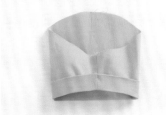

22　袖口布如圖翻折好。

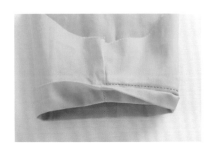

23　上方翻開，壓線一圈固定。

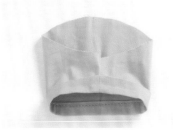

24　完成袖口車縫，表面是看不到壓線的。

製作下襬

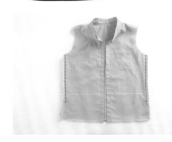

25　將前後衣身兩脇邊對齊，車縫至開衩止點。

製作袖子

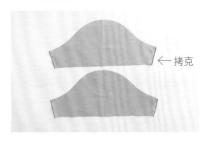

17　取 2 片袖子，將兩邊拷克。　←拷克

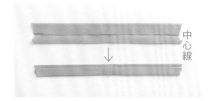

18　取袖口布，一邊對齊中心線折燙，另一邊離中心線折燙一半，中心線再對折。　中心線

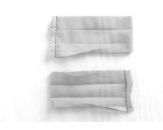

19　將袖口布攤開，對折成圈狀並車縫固定。

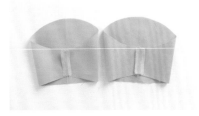

20　袖片脇邊對齊車縫，並將縫份燙開。

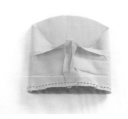

21　袖口布與袖片下方對齊套合，正面相對，車縫一圈。

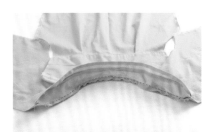

13　將領子正面與衣身領圍處背面相對，對齊好車縫固定。

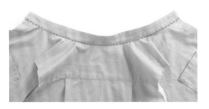

14　再將領子翻到正面，縫份內折好沿邊壓線一圈。

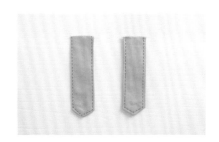

15　取肩章對折，除了上方外其餘車縫，翻回正面，沿邊壓線固定。

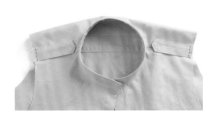

16　將肩章中心對齊肩線擺放，平行於肩脇疏縫在袖圈，如圖車縫兩邊。

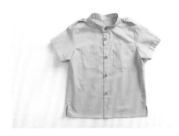

31 完成。

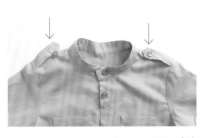

29 在肩章中心開釦洞,並在肩線的相對位置縫上釦子。

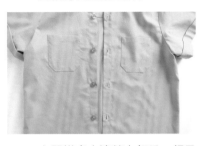

30 在門襟處右邊縫上釦子,領子1顆,領圍下3.5cm處1顆,再來都間距8.5cm,共5顆,左邊相對位置開釦洞,只有領子的釦洞是開橫的,其它都開直的。

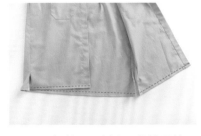

26 下襬縫份三折光,沿邊壓線固定。

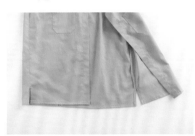

27 再將開衩內折包邊,壓車ㄇ字型固定,完成兩邊。

接合袖子與縫釦

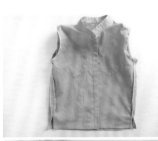

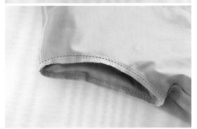

28 將袖子與衣身袖圍對齊,車縫一圈並拷克。

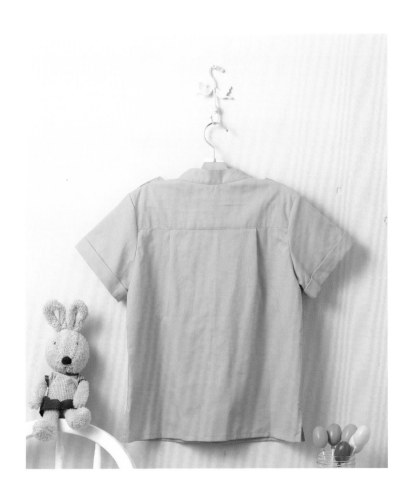

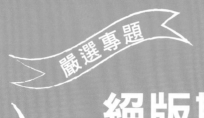

絕版期數
精選集

將絕版期數內的作品再次精選收錄，
彌補你之前還沒來的及入手的遺憾。

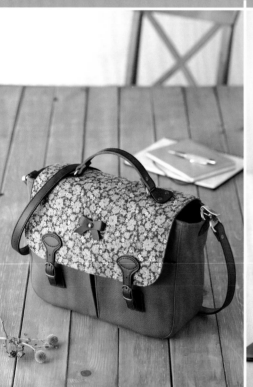

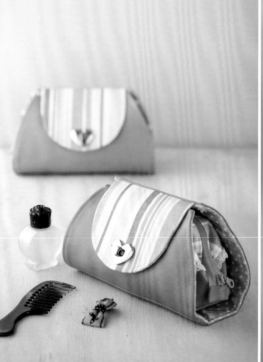

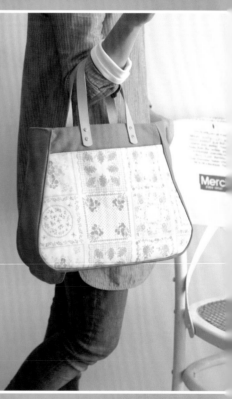

復古小花柄
通勤包

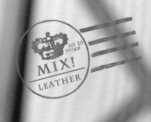

製作/玩布格格 · 莊雅婷　編輯/義馨　成品攝影/林宗億

完成尺寸/寬 32cm× 高 25cm× 側寬 11cm× 底寬 12cm

難易度/⬤⬤

雙口袋的設計，帥氣的外型，
有著上班族的俐落感。
利用充滿復古味的小花布做成袋蓋，
再釘上甜心美人最愛的蝴蝶結皮飾，
斜背又帶點學院風的清新感。
最適合給社會新鮮人加油的元氣包款哦！

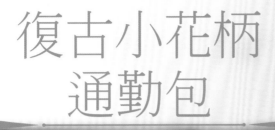

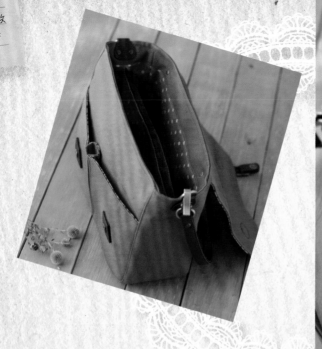

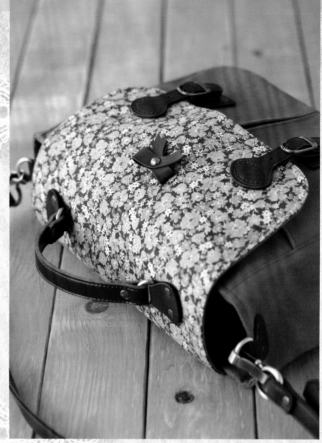

製作 IDEA

復古風小花柄，
與 8 號帆布的絕佳組合，
讓人有溫暖的視覺感受，
小皮件的搭配更增添通勤包的實用性，
顛覆以往秋冬的灰暗印象，
注入一股活潑氣息的暖暖風！

Profile

玩布格格·
莊雅婷

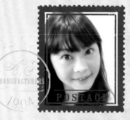

M 玩布格格原先從事百貨服務業，因職場需求而學習
車縫，開始對機縫包產生濃厚興趣，父母親投資了
第一台工業平車後，便沒日沒夜地玩布，自學並創
作自己喜愛的布包，希望藉由每一個作品來傳遞熱
情給大家！

＊玩布格格＊玩布手作小天地

tw.myblog.yahoo.com/tweety_0403

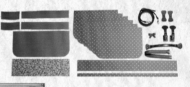

Materials

紙型 C 面（需外加縫份 0.7cm）

表布

A. 上蓋布	依紙型	2 片
B. 前後袋身布	依紙型	2 片
C. 前口袋布	依紙型	2 片
D1. 側身表布	13.5×29.5cm	2 片
D2. 側身底布	13.5×22cm	1 片

裡布

前後袋身	依紙型	2 片
拉鍊袋身	依紙型	4 片
袋身貼邊	5.5×33.5cm	2 片
側身貼邊	5.5×13.5cm	2 片
側身裡布	7.5×69.5cm	2 片

其他配件

拉鍊	30cm	1 條
書包磁扣		2 組
上蓋提把	20×2cm	1 條
斜背袋		1 條
皮掛耳		2 組
皮製蝴蝶結		1 枚
PE 底板	11×26cm	1 片

※ 以上數字尺寸皆已含縫份 0.7cm

組合表袋身

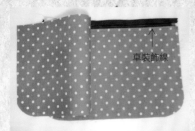

9 翻正，於拉鍊袋口布上車壓 0.2cm 裝飾線，再取拉鍊裡布 另 2 片夾車拉鍊另一側。

車裝飾線

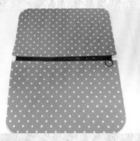

10 拉鍊袋身展開(如圖)。

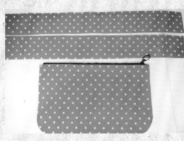

11 將拉鍊袋身沿邊疏縫 0.5cm 固 定袋身，再備 2 片 7.5×69.5cm 側身裡布。
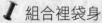

組合裡袋身

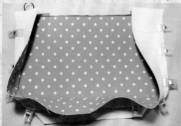

12 將側身裡布 2 片中間放置拉鍊 袋身，並用夾子固定後，夾車 拉鍊袋身。

組合表袋身

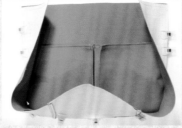

5 接縫前袋身布與側身布，將縫 份倒向側身布。

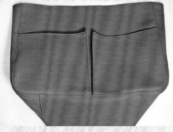

6 於表面沿邊壓車 0.2cm 裝飾 線，翻正(如圖)袋身就會挺 出來。

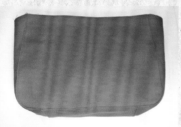

7 續將後袋身表布接合，完成表 袋身。

製作拉鍊裡袋

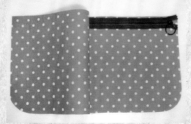

8 將拉鍊裡布二片正面相對，袋 口上方夾車 30cm 拉鍊。

製作前口袋

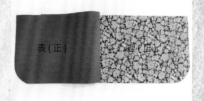

表(正)　裡(正)

1 將前口袋布的表、裡布正面相 對，袋口上方車縫一道。

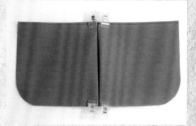

2 再翻正面壓 0.2cm 裝飾線。並 依記號線摺燙出口袋的立體摺 線。

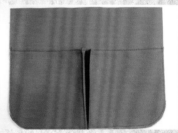

3 取袋身表布 B，將前口袋布中 間分隔線車縫固定後，沿 U 型 邊緣疏縫 0.5cm 於表布上。

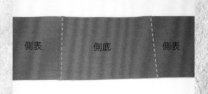

側表　側底　側表

4 取側身表布 2 片與側身底布相 接縫合。其縫份倒向底布，並 壓上裝飾線固定。

NAUTÆ FIDA

絕版期數
精選集

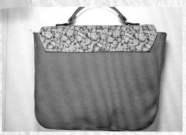

21 將上蓋布放置表袋身後片，離袋口約 4cm 記號處；車縫固定上蓋布。

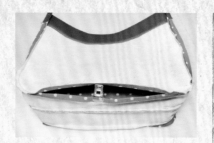

17 與側身裡布車縫組合。於袋底留一返口約 20cm，並將縫份摺下燙好。

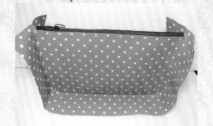

13 縫合後，將側身裡布縫份燙開。

I 組合表、裡袋身

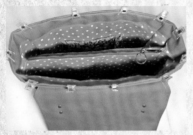

22 將縫份分別向下摺，裡袋放入表袋中，車縫袋口一圈，完成袋身。

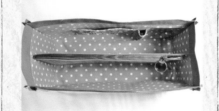

18 裡布兩側縫份皆燙開，完成裡袋。

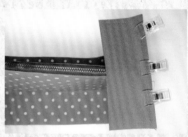

14 側身貼邊布 2 片與側身裡布上方兩端車縫接合。

I 組合袋蓋

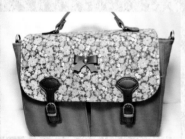

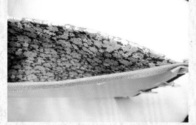

19 將上蓋布 2 片正面相對，上方為返口不車，縫份摺下，車縫三邊。

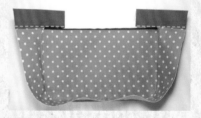

15 縫份倒向貼邊布，再壓 0.2cm 裝飾線，完成拉鍊裡袋與側身裡布接合。

23 將 PE 板由裡袋返口放入，再藏針縫合。上蓋布裝飾皮製蝴蝶結；安裝皮掛耳 1 對並縫上前口袋磁釦，完成！

蓋子

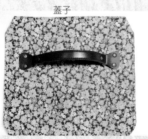

20 弧線處剪芽口，由上方返口翻正整燙，邊緣整圈壓裝飾線，安裝提把。

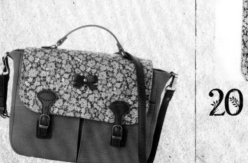

16 續接縫前、後袋身的裡布與袋身貼邊布。縫份燙開，兩旁皆壓上 0.2cm 裝飾線。（可視個人需求加上口袋。）

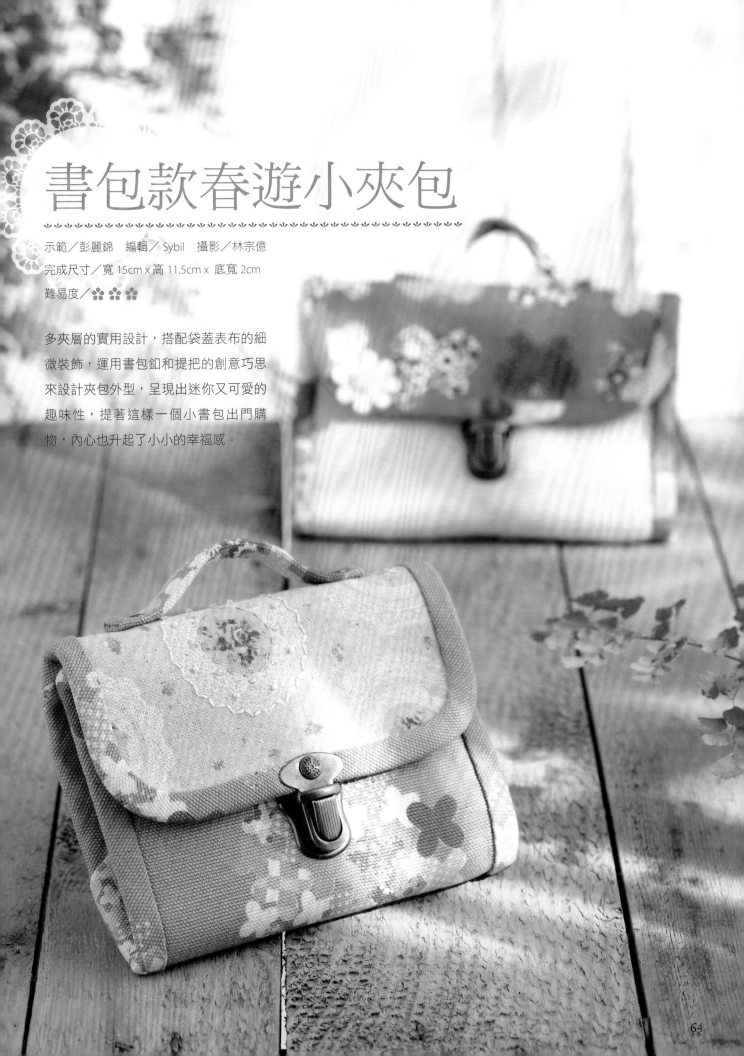

書包款春遊小夾包

示範／彭麗錦　編輯／Sybil　攝影／林宗億
完成尺寸／寬 15cm x 高 11.5cm x 底寬 2cm
難易度／❀❀ ❀❀

多夾層的實用設計，搭配袋蓋表布的細
微裝飾，運用書包釦和提把的創意巧思
來設計夾包外型，呈現出迷你又可愛的
趣味性，提著這樣一個小書包出門購
物，內心也升起了小小的幸福感。

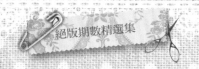
How To Make

✿ 製作表袋

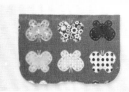

1 依紙型裁剪袋蓋表布,貼一層厚襯,用5號繡線,以平針沿圖案刺繡裝飾,再燙一層厚襯。

2 袋蓋表布與主體表布正面相對車縫,翻開後縫份倒向袋蓋熨燙。

✿ 製作外口袋

3 外口袋以雙面布剪裁,燙半襯(不含縫份)。

4 正面相對車縫一道,翻正面後熨燙,在摺雙的那一側車縫0.5cm的裝飾線。

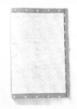

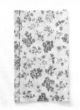

✻ Materials ✻

紙型 C 面

用布量:圖案布 0.5 尺、素色布 30×20cm、裡布 1 尺

裁布:

袋蓋表、裡布	依紙型	各 1 片(燙厚襯)
外口袋表、裡布	13×18cm	共 1 片(燙半厚襯 13×9cm)
主體表布	13×21cm	1 片(燙厚襯)
主體裡布	13x22cm	1 片(燙厚襯)
隔層 F	11×12cm	1 片(燙厚襯)
隔層 E	11×18cm	1 片(燙半厚襯 11×9cm)
隔層裡布	13.5×21cm	1 片(燙厚襯)
卡層 A	6.5×14cm	1 片(燙半厚襯 6.5×7cm)
卡層 B	6.5×14cm	1 片(燙半厚襯 6.5×7cm)
卡層 C	6.5×14cm	1 片(燙半厚襯 6.5×7cm)
卡層 D	6.5×12cm	1 片(燙半厚襯 6.5×6cm)
卡層台布(表布)	6.5×11cm	1 片(燙厚襯)
卡層台布(裡布)	8.5×11cm	1 片(不用燙襯)
提把布	4×12cm	1 片(已含縫份 0.7cm)
織帶	寬 1× 長 10cm	1 條

※ 除特別標註外,數字尺寸&紙型皆不含縫份,均需外加 0.7cm 縫份。

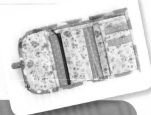

Profile

彭麗錦

可愛、溫馨、浪漫、優雅的生活雜貨,都想用布做出來,看著一片片布料漸漸成形的過程,樂趣伴隨著驚喜同時出現,想一直過著這樣的玩布生活。

布遊仙境手作雜貨屋
www.wonderland22.com
新竹縣竹北市勝利二路 71 號 2 樓

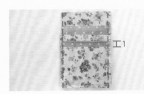

15 再放上 D（僅反面對摺，於摺雙處壓裝飾線），疏縫兩側固定，完成卡層主體。

16 卡層裡布與步驟 15 完成的卡層主體正面相對，車縫一道翻正，裡布側邊做假滾邊，翻到背面以珠針固定。

17 疏縫∩型固定，並沿假滾邊車壓。

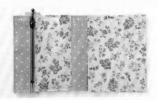

18 隔層 E 同步驟 4 完成，對齊右側置於步驟 10 的拉鍊袋。

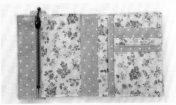

19 將步驟 17 的卡層對齊擺上，三片一起疏縫右側∩型固定。

20 再與隔層裡布正面相對，車縫上方一道，隔層裡布翻至背面，側邊做假滾邊。

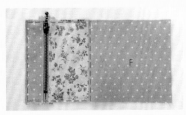

10 翻開後縫份倒向 F，熨燙後壓一道裝飾線，拉鍊袋表裡兩片疏縫∩型固定。

✱ 製作內層卡片夾

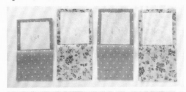

11 裁剪 A～D，燙半襯，對摺，讓厚襯保持在上面那一層。

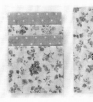
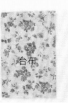

12 準備台布 1 片，A～D 如圖示放置備用。

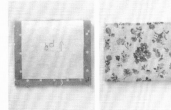

13 A～C 作法相同，皆正面相對車縫一道，翻正後熨燙，於摺雙處壓 0.3cm 的裝飾線。

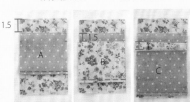

14 將 A 置於台布，距離頂端 1.5cm（不含縫份），車縫 a 的下緣固定。B&C 作法相同。

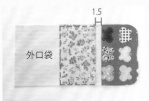

5 將外口袋置於主體表布，距離袋蓋車縫處 1.5cm，以珠針固定，於外口袋另一側邊緣約 0.2cm 車縫固定，再將另兩側疏縫固定。

✱ 製作裡袋的拉鍊袋

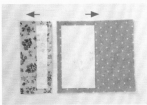

6 以雙面布裁剪拉鍊口布（左片和右片以不同面當作表布），皆燙半襯，依箭頭方向對摺熨燙。

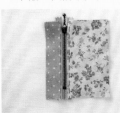

7 口布的厚襯保持在拉練口布上片那一層，將口布置於拉鍊正面，車縫固定，完成拉鍊袋口布。

8 裁剪拉鍊袋裡布不燙襯。

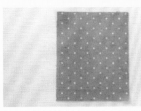

9 將步驟 7 完成的拉鍊袋置於拉鍊袋裡布上，拉鍊袋 2 片與隔層 F 正面相對，共三層夾車。

✲ 組合

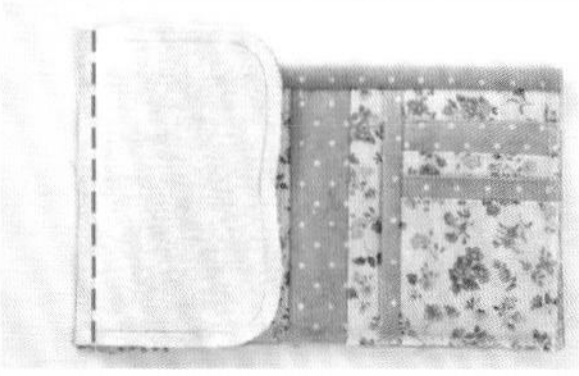

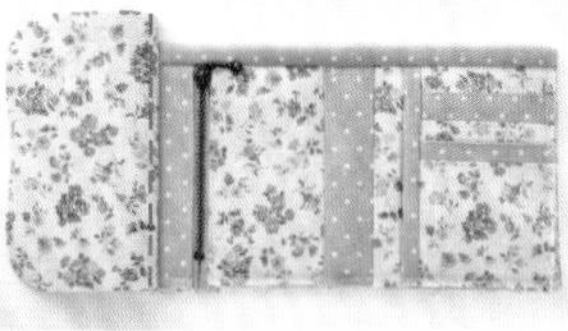

21 步驟 20 與袋蓋裡布正面相對車縫，翻正縫份倒向袋蓋壓裝飾線，完成裡袋。

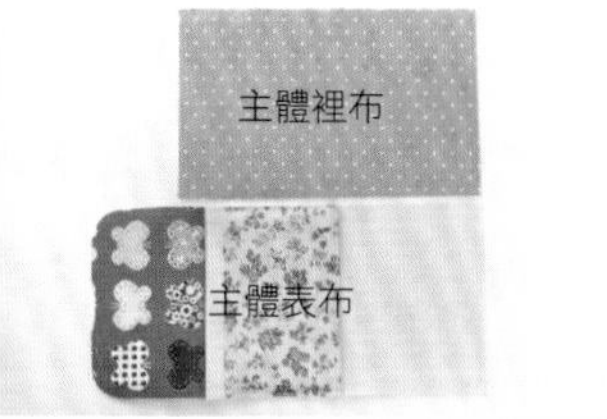

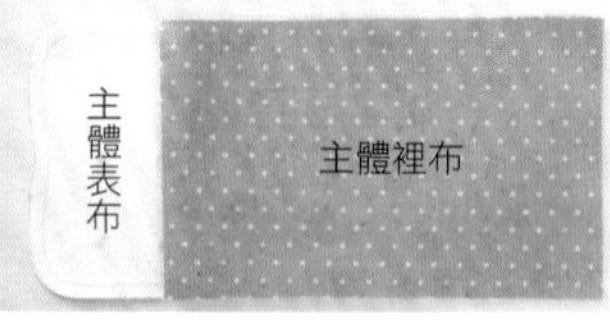

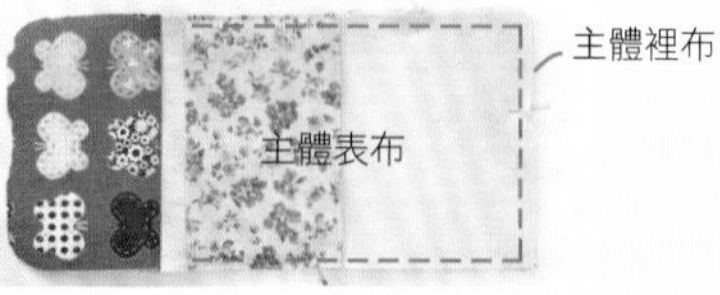

22 步驟 5 的主體表布，與主體裡布背面相對，以珠針固定疏縫ㄇ型，完成表袋。

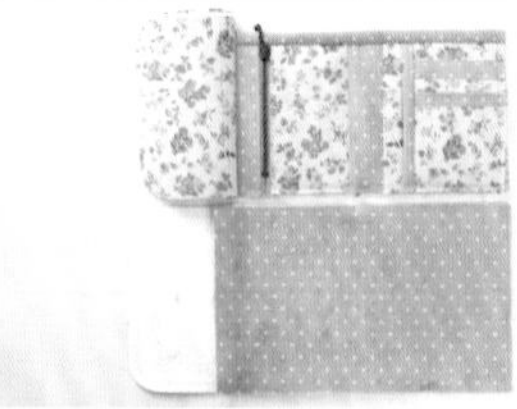

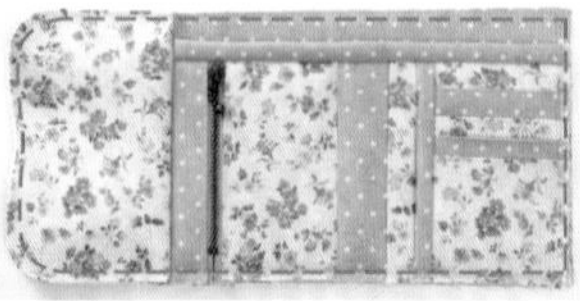

23 將表袋和裡袋如圖放置，疏縫一圈固定。

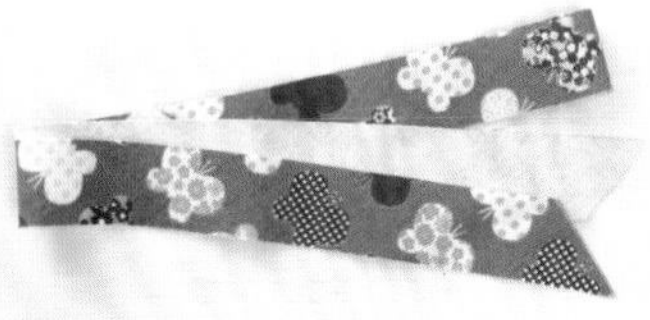

24 準備滾邊條。

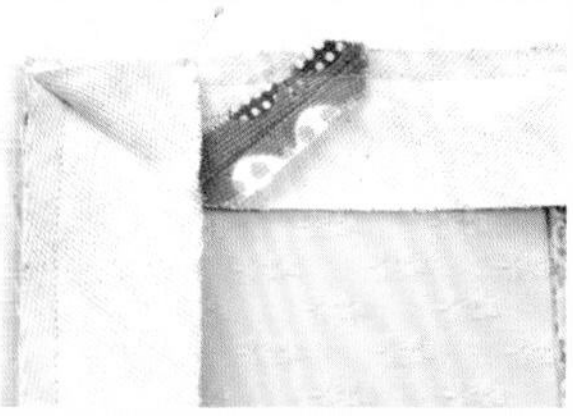

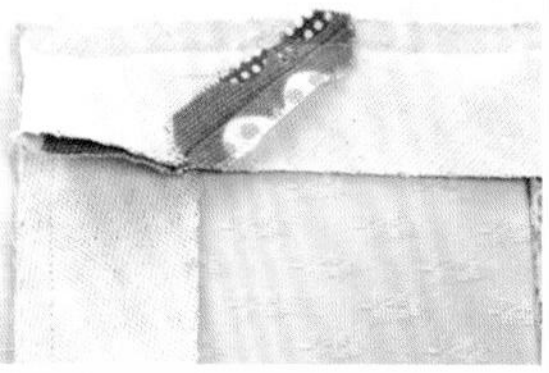

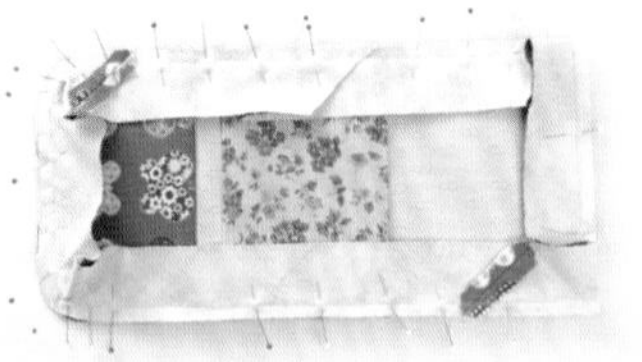

25 滾邊條與袋身表布正面相對，以珠針固定一圈，轉角處需摺 45 度角，車縫一圈。

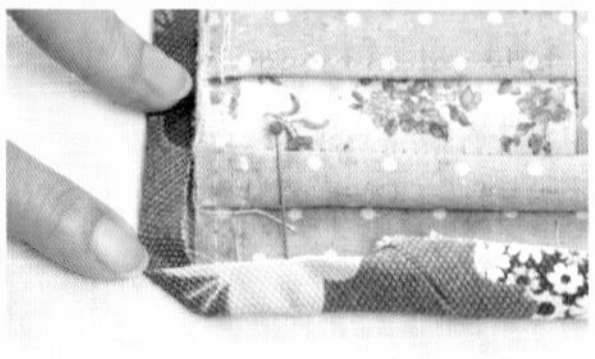

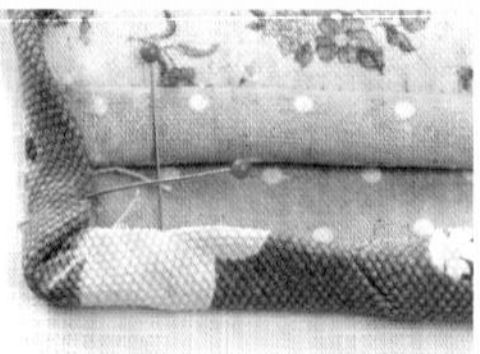

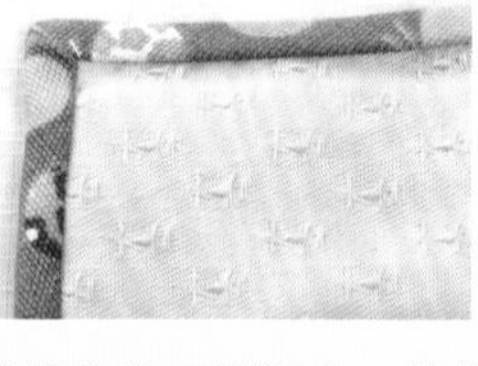

26 將滾邊條翻正到裡布，縫份往內摺，同樣固定一圈（轉角處需摺斜角），以藏針縫縫合一圈。

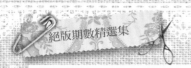

✲ 加上小提把

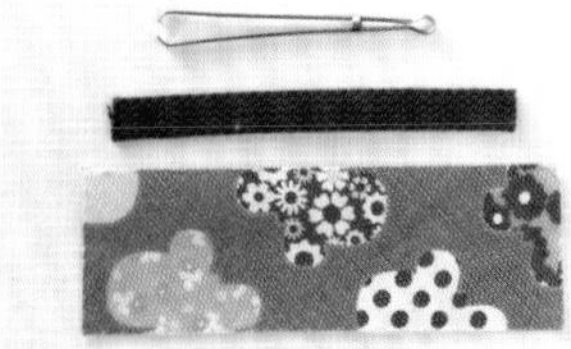

27 準備織帶、提把布和夾子。

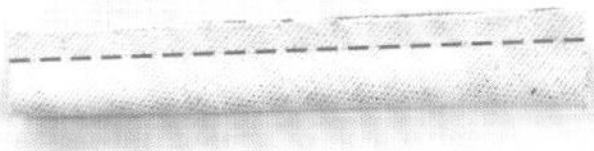

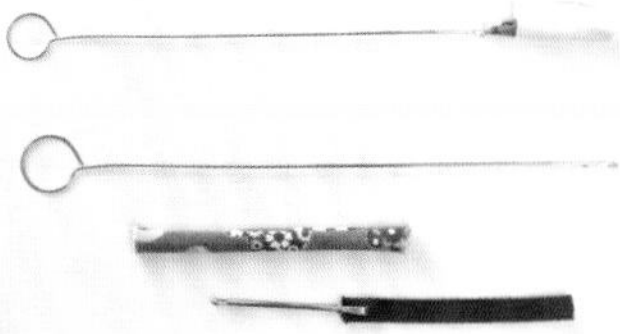

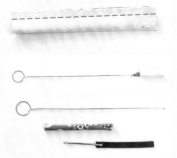

28 先將提把布對摺車縫一道，以返裡針翻正。

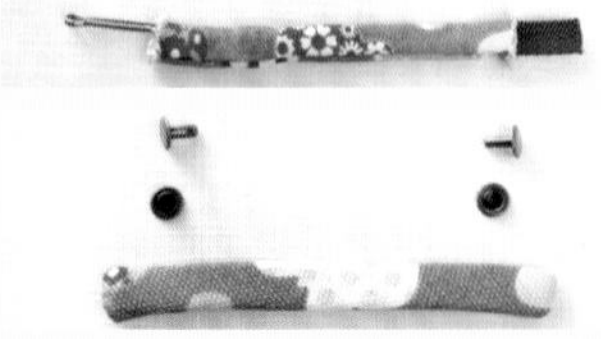

29 以夾子將織帶穿入提把，兩側往內摺後藏針縫固定。準備 2 組鉚釘備用。

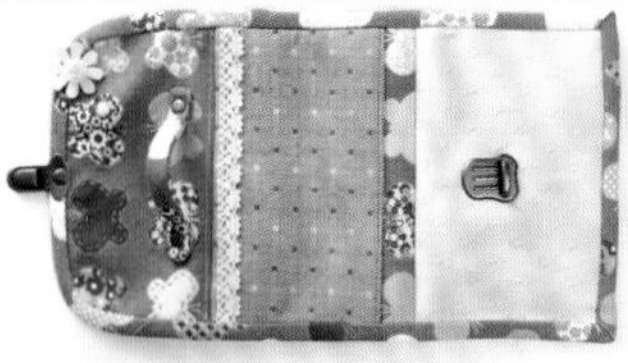

30 袋身縫上書包釦後，將夾包釦起，量出提把位置，畫上記號，將提把以鉚釘固定於袋蓋記號處。可依個人喜好縫上裝飾。

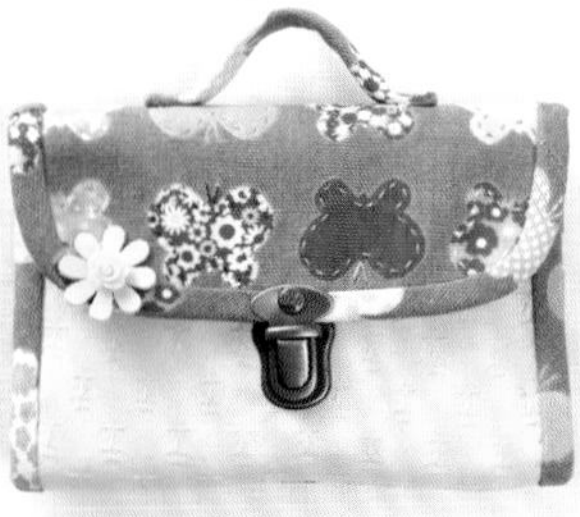

31 完成。

桃色麥花田手提包

製作示範／Bella　編輯／Forig　成品攝影／林宗億
完成尺寸／寬 38cm× 高 30cm× 底寬 10cm
難易度／✱ ✱ ✱ ✱

一格格的花田整齊排列，各式粉嫩柔美的花朵
一組組的變換隊形，紛飛的舞出一首美麗的花
舞曲，清新柔和的氣息感染著周圍，心田也豁
然開朗起來，開出一朵朵愉悅的小花。

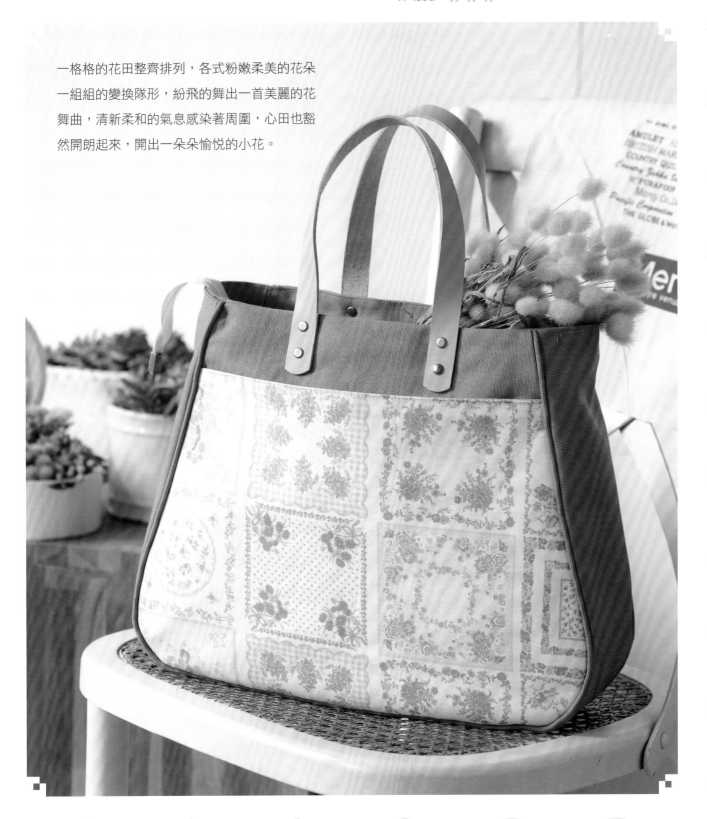

Materials 紙型 Ⓒ 面

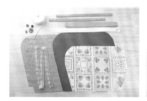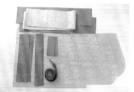

用布量

表花布 35×50cm、表厚帆布 2 尺、裡布 1 碼、厚布襯 35×50cm。

裁布

表布	尺寸	數量
表袋身	紙型 A	2 片
前口袋	紙型 C	1 片（厚布襯）
拉鍊口布	4×28cm	2 片
出芽布	100×2.5cm	2 條
側身袋底	49×10cm	2 片

裡布		
裡袋身	紙型 B	2 片
前口袋	紙型 C	1 片
側身袋底	49×10cm	2 片
拉鍊口布	4×28cm	2 片
內口袋	40×40cm	2 片
袋身貼邊	紙型	2 片
側身貼邊	10×3cm	2 片

其他配件

粗棉繩 7 尺、蕾絲 65cm、造型釦 4 個、8mm 鉚釘 8 個、金屬拉鍊擋片 1 個、35cm 拉鍊 1 條、皮革 45cm 長 2 條。

※ 以上紙型、數字尺寸皆未含縫份。

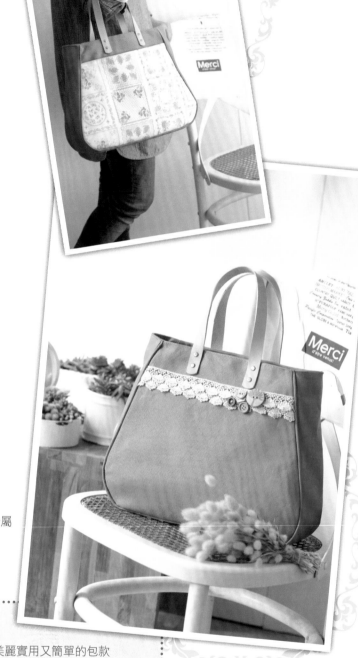

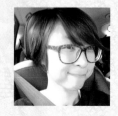

quoi quoi 布知道 — Bella

2009 年開始接觸布作，喜歡製作美麗實用又簡單的包款從手作中找到沉澱心靈的力量。

著有：手作的時間一書

工作室：淡水區民族路 110 巷 45 弄 4 號
02-28097712 營業時間不固定，請先來電預約

部落格 http://lisabella.pixnet.net/blog
臉書粉絲專頁 https://www.facebook.com/bellaszakka

How To Make

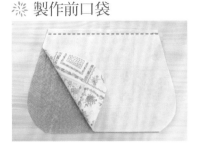

9 翻回正面檢查出芽是否有車好，平均露出。

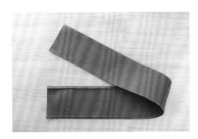

5 出芽布包車好棉繩，疏縫固定在側身袋底長邊兩側。

※ 製作前口袋

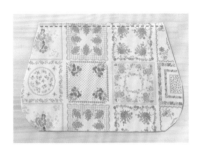

1 表、裡前口袋正面相對，袋口處車縫一道。

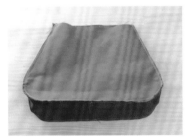

10 再和表後袋身同作法車合，完成表袋身。

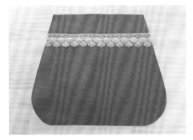

6 依個人喜好在後袋身車縫蕾絲裝飾。

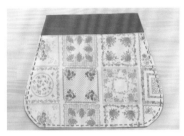

2 翻回正面後壓線固定。

※ 製作裡袋身

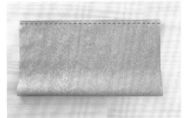

11 內口袋對折正面相對車縫，翻回正面再壓線一道固定。

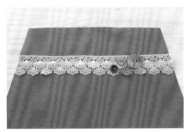

7 再縫上造型釦子點綴。

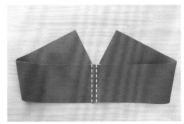

3 再和表袋身對齊，U 字型疏縫固定。

※ 製作表袋身

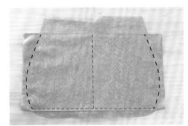

12 裡袋身袋底往上 3cm 擺上內口袋並先車縫下方和中心一道固定，再疏縫兩側。

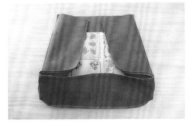

8 表袋身和側身袋底正面相對，中心、兩側對齊，轉角處沿弧度剪牙口，U 字型車縫固定。

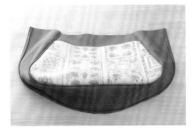

4 兩片側身袋底一邊車合，縫份攤開，在正面接合線左右壓線固定。

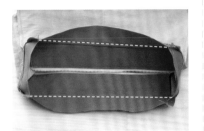

21 再翻到正面壓線一圈固定。

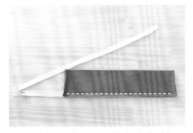

17 表、裡拉鍊口布夾車拉鍊，口布頭尾端留 1cm 不車，縫份內折。

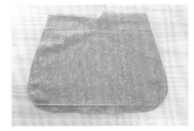

13 內口袋與裡袋身齊邊修剪兩側。

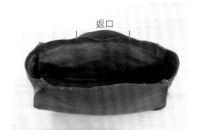

22 表、裡袋身正面相對套合，車縫袋口一圈並留一段返口不車。

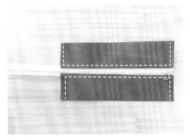

18 翻回正面對齊，ㄇ字型壓線固定，完成拉鍊兩邊口布。

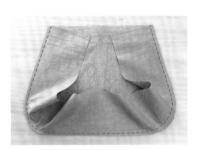

14 裡袋身和側身袋底正面相對，中心、兩側對齊，轉角處沿弧度剪牙口，U字型車縫固定。

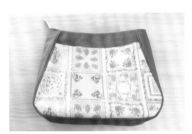

23 由返口翻回正面後整燙，袋口處壓線一圈固定。

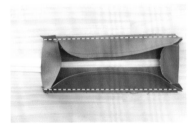

19 拉鍊口布和袋身貼邊正面相對車縫兩邊固定。

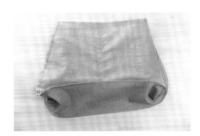

15 同作法完成另一邊裡袋身。

※ 組合袋身

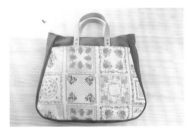

24 依袋身紙型位置釘上皮製提把，拉鍊尾端鎖上金屬擋片即完成。

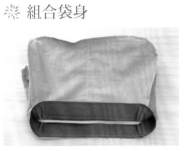

20 貼邊和裡袋身正面相對，依圖示對齊車縫一圈。

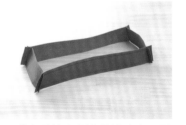

16 袋身貼邊和側身貼邊車合，形成圖示一圈。

快樂塗鴉色鉛筆袋

一支筆對應一格筆插，孩子輕輕鬆鬆就能讓色鉛筆各
就各位，解決了整理的麻煩，讓他們擁有更多時間，
把眼睛看見的，心裡感受的，盡情地畫出來！

示範／Snow　編輯／Vivi　攝影／王正毅
完成尺寸／長 20.5cm× 寬 12cm
難易度／🎀🎀🎀🎀

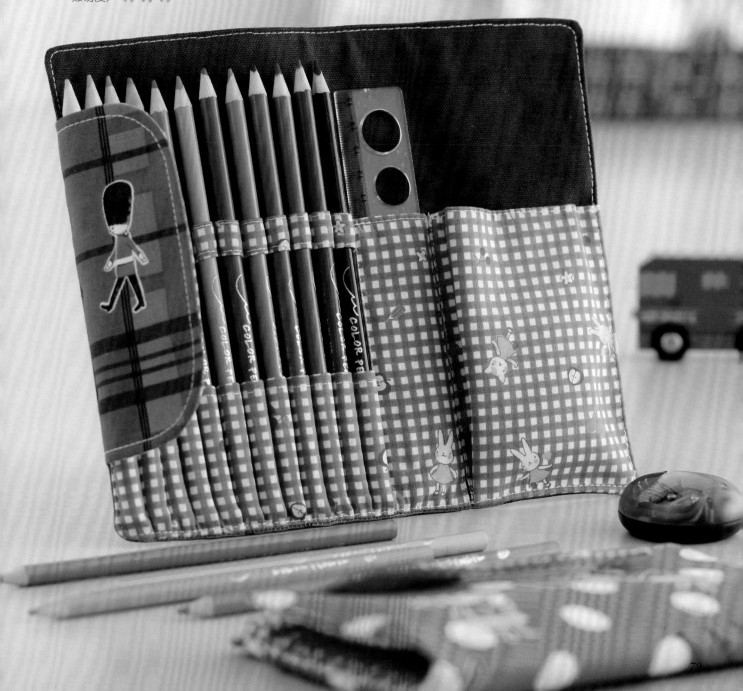

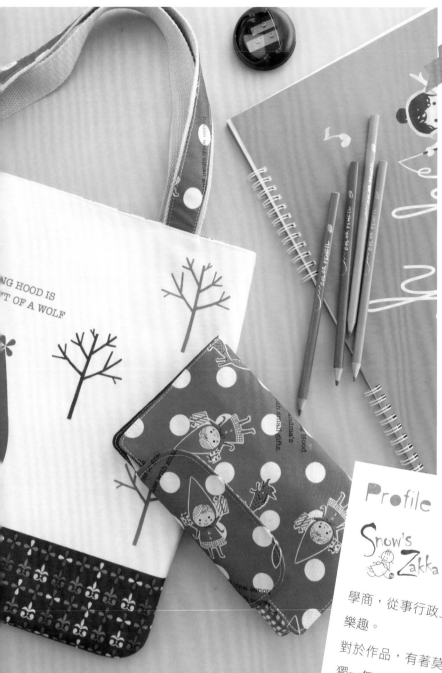

Materials 紙型 C 面

袋身表布	依紙型 A	（貼厚襯）
袋身裡布	依紙型 A	（貼薄襯）
袋蓋表裡布	依紙型 B	（貼厚襯）
筆插袋	27×13cm	（含縫份＋薄襯）
筆插固定條	27×13cm	（含縫份）
尺插袋	5.5×26cm	（含縫份）
小物袋	12.5×26cm	（含縫份）
魔鬼粘	6cm 及 3cm	各一段

（紙型不含縫份）

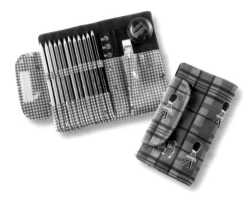

Profile

Snow

與縫紉機的巧遇始於 2008 年，然而這一邂逅，便開啟了不可思議的人生經驗。學商，從事行政工作；但在手作世界裡，找到自我、發現樂趣。

對於作品，有著莫名「不重覆」的堅持，只因自己深愛那獨一無二感；也因此，常在布料配色中發現驚喜與樂趣。生活因手作而更精彩，視野因手作而更開濶；感謝家人與朋友的一路相挺，把握～手作的每一刻。

部落格　snowzakka.pixnet.net/blog

臉書粉絲專頁　www.facebook.com/SnowsZakka

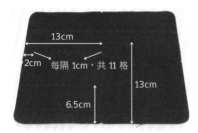

12 取筆袋裡布，以記號筆劃出筆插車縫位置，間隔尺寸如圖示。

TIPS

將 2.1cm 布寬的筆袋布，車縫在 1cm 的裡布上，使筆袋插成立體狀。

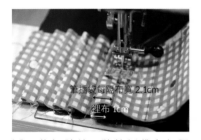

13 依記號線，將筆插袋布每隔 2.1cm 布寬，車縫在裡布上成立體 1cm 寬，起頭要回針。

筆插袋每隔布寬 2.1cm

裡布 1cm

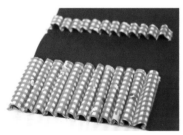

14 筆插固定條布也依作法 13 方式固定於裡布上。

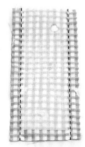

長邊對摺後，兩邊車縫

15 取尺插袋布，長邊對摺後，兩邊車縫。

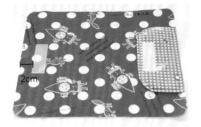

2cm

6 取 6cm（勾面）魔鬼粘置於表布左側，距邊緣 2cm 處車縫固定。

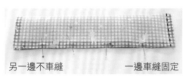

另一邊不車縫　　　一邊車縫固定

7 取筆插袋布，短邊對摺後，取一邊車縫固定。（另一邊不車縫）

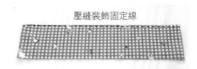

壓縫裝飾固定線

8 翻至正面整燙，上方壓縫裝飾固定線。

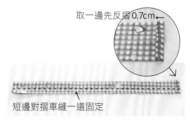

取一邊先反摺 0.7cm

短邊對摺車縫一道固定

9 取筆插固定布條，取一邊反摺 0.7cm 後，再短邊對摺車縫固定。

上下各壓縫裝飾固定線

10 翻至正面整燙，上下各壓縫裝飾固定線。

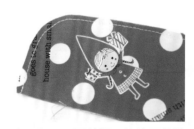

無反摺及車縫邊　　　　　　0.1cm

約 3.1cm　每隔 2.1cm，共 11 格

11 將筆插袋及筆插固定條，以記號筆劃出車縫線，間隔尺寸如圖示。

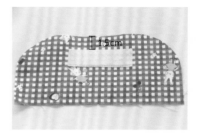

1.5cm

1 取袋蓋裡布，距圓弧邊 1.5cm 處車上 6cm（毛面）魔鬼粘。

2 取袋蓋表、裡布，正面相對車縫圓弧處。

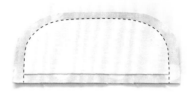

3 圓弧處剪牙口。

4 翻至正面整燙，邊緣壓縫裝飾固定線。

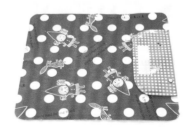

5 完成之袋蓋置於筆袋表布右側正中間處，正面相對，疏縫固定。

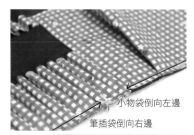

小物袋倒向左邊
筆插袋倒向右邊

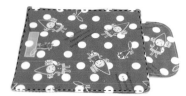

24 裡布下方壓線 0.5cm 固定。
註：筆插袋倒向右邊；小物袋倒向左邊。

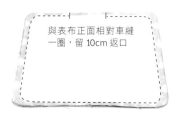

與表布正面相對車縫一圈，留 10cm 返口

25 裡袋完成後，與表布正面相對車縫一圈，於上方留約 10cm 返口。

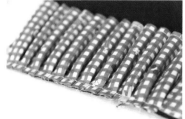

壓縫一圈 0.2cm 裝飾固定線

26 翻至正面整燙，壓縫一圈 0.2cm 裝飾固定線。
註：返口經過壓線，已密合。

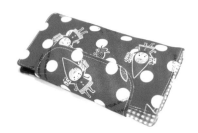

🎀 完成

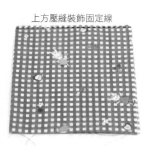

20 翻至正面整燙，上方壓縫裝飾固定線。

3cm
12.5cm

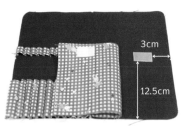

21 於筆袋裡布車上 3cm（勾面）魔鬼粘，距離位置如圖示。

兩邊車縫 0.1cm 固定於裡布上

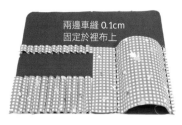

22 再將小物袋兩邊車縫 0.1cm 固定於裡布上。

多出之布料，壓摺倒向側邊

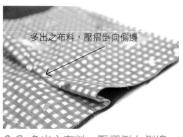

23 多出之布料，壓摺倒向側邊，成一立體口袋。

上方壓縫裝飾固定線

16 翻至正面整燙，上方壓縫裝飾固定線。

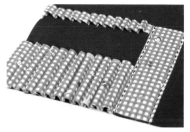

17 兩邊車縫 0.1cm 固定於裡布。
註：此尺袋設計尺寸。限裝 3cm 以內尺寬。

中心線
0.5cm 3cm

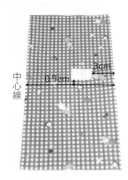

18 取小物袋，於正面車上 3cm（毛面）魔鬼粘，距離位置如圖示。

魔鬼粘
左邊車縫   右邊不車

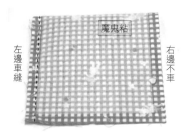

19 長邊對摺，魔鬼粘面左邊車縫，右邊不車。

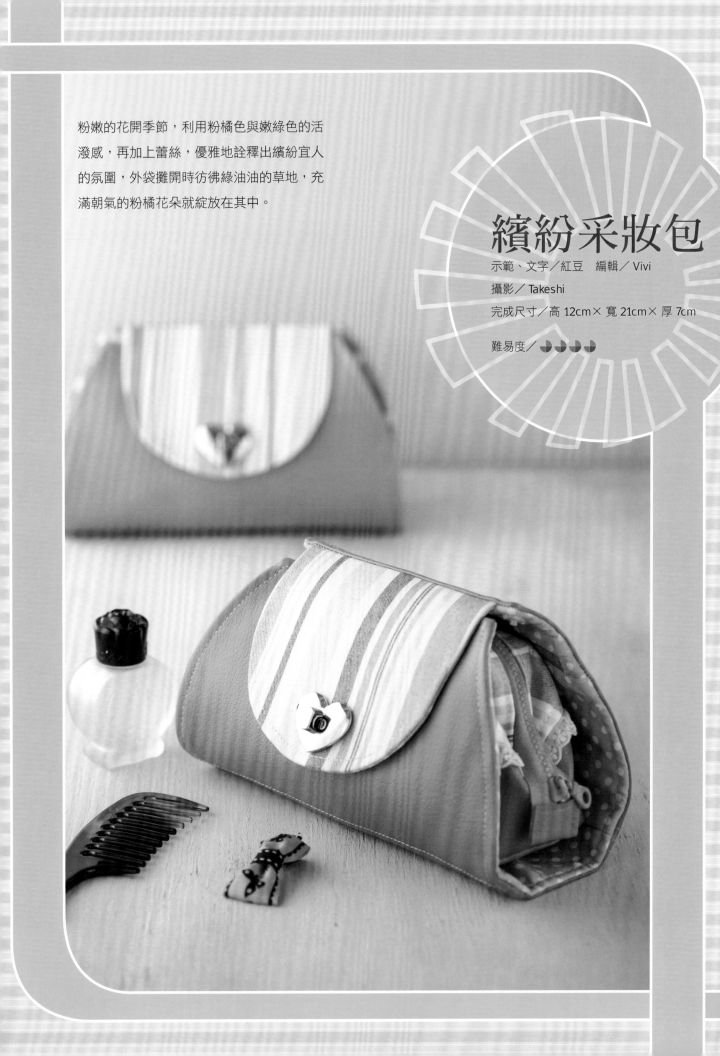

粉嫩的花開季節，利用粉橘色與嫩綠色的活潑感，再加上蕾絲，優雅地詮釋出繽紛宜人的氛圍，外袋攤開時彷彿綠油油的草地，充滿朝氣的粉橘花朵就綻放在其中。

繽紛采妝包

示範、文字／紅豆　編輯／Vivi

攝影／Takeshi

完成尺寸／高 12cm× 寬 21cm× 厚 7cm

難易度／◣◣◣◣◗

Materials 紙型 C 面

用布量：
皮革布半尺、配色布半尺、裡布 1.5 尺

裁布：（版型與數字尺寸均已內含縫份 0.7cm、貼燙的洋裁襯均含縫份）

夾層口金包

配色表布上片	依紙型		厚布襯（不含縫份）＋洋裁襯
皮革表布下片	依紙型		
拉鍊尾布	3×3.5 cm	2 片	
裡布＊	依紙型		隱形磁釦＋洋裁襯

袋身

表袋蓋配色布	依紙型		挺襯（依紙型）＋洋裁襯
裡袋蓋布	依紙型		厚布襯（依紙型）＋洋裁襯
皮革表布	依紙型	共 3 片	
裡袋身	依紙型	2 片	厚布襯（不含縫份）＋洋裁襯
袋底裡布＊	依紙型		厚布襯（不含縫份）＋ 隱形磁釦＋洋裁襯

裡袋身-拉鍊口袋

拉鍊襠片	2.5×4.5 cm	4 片
拉鍊口袋上片	5.5×23 cm	2 片
拉鍊口袋下片	8.5×23 cm	2 片

裡袋身-面紙夾層

夾層上片	11×23 cm	1 片
夾層下片	14×23 cm	1 片

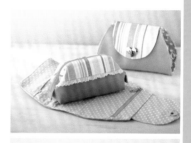
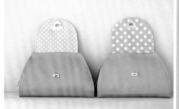

＊註：燙洋裁襯前，先車縫固定隱形磁釦在洋裁襯上，再熨燙貼襯。

其他配件：
13×4cm ∏型支架口金、25cm 拉鍊 1 條、15cm 拉鍊 1 條、繡花蕾絲
2 尺、造型鎖釦 1 個、隱形磁釦 2 組、透明對釦 2 組、裝飾花釦 2 個

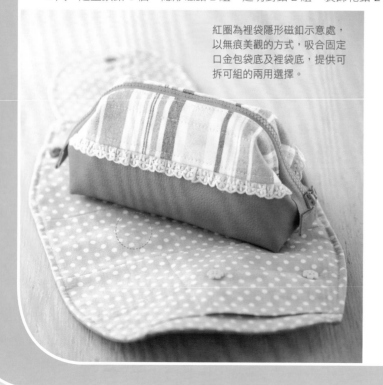

紅圈為裡袋隱形磁釦示意處，
以無痕美觀的方式，吸合固定
口金包袋底及裡袋底，提供可
拆可組的兩用選擇。

Profile

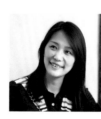

紅豆（林敬惠）

就是愛手作！在
屬於自己的小小
手作天空，恣意
揮灑著一份堅持
與不滅的熱情。
深深著迷於運用不同的素材與配件，
再加上一點用心的巧思，就能變化出
無限可能的美麗。沈浸於為家人、朋
友量身設計的專屬手作幸福裡。

紅豆私房手作
http://redbean5858.pixnet.net/blog

How To Make

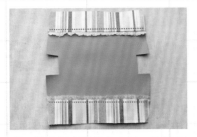

9 縫份倒向配色布上片，再沿邊壓一條裝飾線。

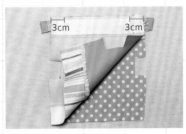

10 將表布與裡布，面對面夾車25cm拉鍊，左右兩側臨布邊3cm為拉鍊止縫點，請將拉鍊向外拉出後，再繼續車縫到底。

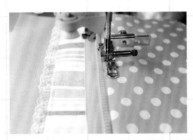

11 沿裡布拉鍊邊0.2cm壓縫一道裝飾線，左右兩側臨布邊3cm不壓線，這個動作可以讓拉鍊不會夾布。拉鍊另一側，請重複步驟10、11。

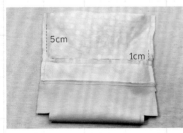

12 翻到背面，表布對表布，裡布對裡布，車縫接合側身與袋底：裡布其中一側的上緣預留1cm不車縫，為口金支架穿入孔，另一側中間預留5cm為返口不車縫。

◢ 含隱形磁釦的燙襯

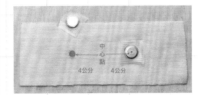

5 在洋裁襯中心點，左右各4cm做上記號，利用水溶性膠帶將隱形磁釦固定在洋裁襯上，再沿邊車縫磁釦四周，記得磁釦要車縫在有膠的那一面哦！

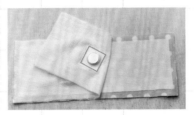

6 將車縫好隱形磁釦的洋裁襯，貼在袋身裡布（與口金裡布）。要特別注意袋身（底）裡布與口金裡布，隱形磁釦正、負極的對應吸合。

◢ 製作內夾層口金包

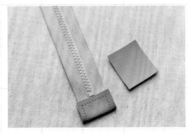

7 將拉鍊尾布對摺，車冂型固定於25cm拉鍊前後兩端。

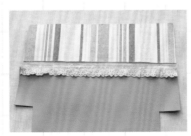

8 將繡花蕾絲固定在皮革表布上緣，再和配色表布上片對車縫合。

◢ 裁布

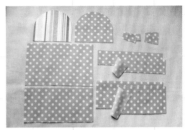

1 依紙型裁剪：袋身表布、裡布、拉鍊口袋布、面紙夾層布。

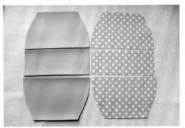

2 依紙型裁剪：內夾層口金表布、裡布。

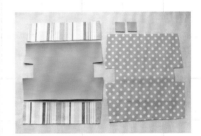

3 按材料明細準備配件。

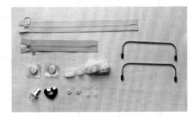

4 燙襯：貼燙兩種襯別時，請先燙不含縫份的厚布襯（或挺襯），再燙洋裁襯。

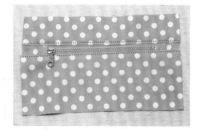

23 翻回正面後，沿拉鍊邊 0.2cm 壓縫裝飾線。

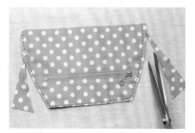

24 將拉鍊口袋，沿著袋身裡布下緣置中，車縫固定於袋身裡布上，再將多餘的布剪掉。

裡袋身面紙夾層

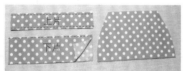

25 將面紙夾層上片，面對面車縫後，翻回正面，上、下兩邊沿邊車縫固定線。夾層下片，對摺後上方沿邊車縫固定線。

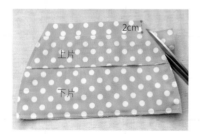

26 將下片置於袋身裡布下緣固定，再取夾層上片置於上方約距 2cm 的位置，中間約會有 0.3cm 重疊，沿袋身裡布邊車縫固定，再將多餘的布剪掉。

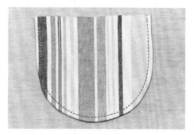

18 翻回正面，沿著袋蓋 U 型邊，壓縫裝飾線。

製作表袋身

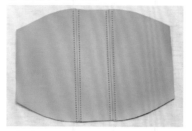

19 將二片表袋身布分別與表袋底車縫接合，並將縫份攤開，沿邊兩側車縫裝飾線。

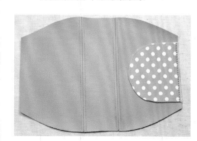

20 將袋蓋放在其中一片表袋身的上緣置中，沿邊先車縫一道固定線。

裡袋身拉鍊口袋

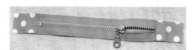

21 將拉鍊襯布車縫於拉鍊前後端，並沿邊壓裝飾線。

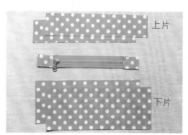

22 將拉鍊口袋布上、下片，分別夾車 15cm 拉鍊。

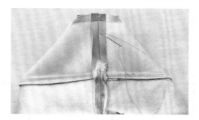

13 燙開縫份，皮革的部分請用捲針縫。

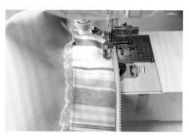

14 翻回正面，沿拉鍊邊 0.2cm 壓縫一道裝飾線。

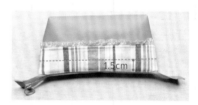

15 在距拉鍊邊裝飾線 1.5cm 的地方，再壓第二道裝飾線。

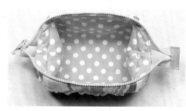

16 將裡布的返口縫合，口金支架自裡布預留的穿入孔置入，即完成夾層口金包。

製作袋蓋

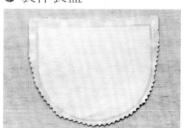

17 表袋蓋布與裡袋蓋布面對面車縫 U 型，並在弧度的地方剪鋸齒。

● 安裝袋蓋鎖釦

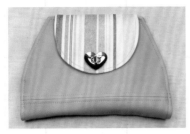

33　找出適當的對應位置，安裝造型鎖釦。

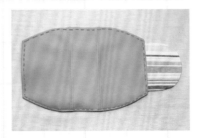

31　整理袋型，再沿袋緣壓縫一圈裝飾線。

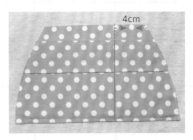

4cm

27　車縫面紙夾層分隔線，可以依個人使用習慣調整分隔線的位置。

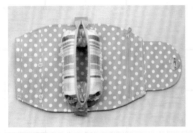

34　縫合裡袋身返口，再將夾層口金包置於裡袋身底部，利用隱形磁釦吸合固定，就完成囉。

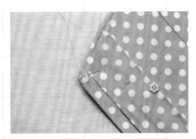

32　將袋身裡布預留的返口縫合，並在裡袋身四個角落，縫上可調整袋型的透明對釦。

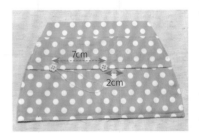

7cm　2cm

28　在面紙夾層上、下片，縫上裝飾固定花釦，做為抽取面紙的袋口，記得不要縫到下面的袋身裡布哦！

● 接合裡袋身

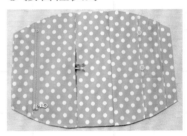

29　將兩片袋身裡布（一個拉鍊口袋和一個面紙夾層），分別與袋底裡布面對面車合，其中一側要預留 10cm 的返口不車，並將縫份燙開。

● 組合袋身

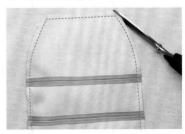

30　將袋身表布與裡布，面對面車縫一圈。先修剪四個邊角較厚的縫份後，再翻回正面。

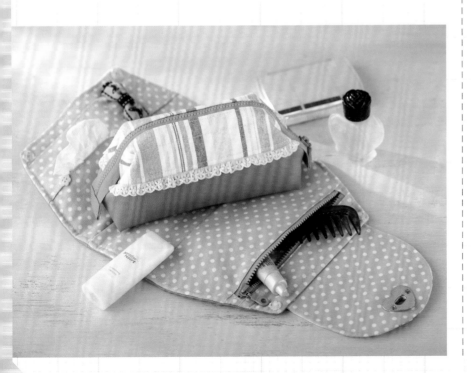

心情吐司兩用餐墊組

製作／威媽・陳幼鍛　編輯／Celia　攝影／A-Studio

完成尺寸／鍋墊：寬 15.5cm × 高 17cm

杯墊：寬 11cm × 高 11.5cm

難易度／🌾🌾

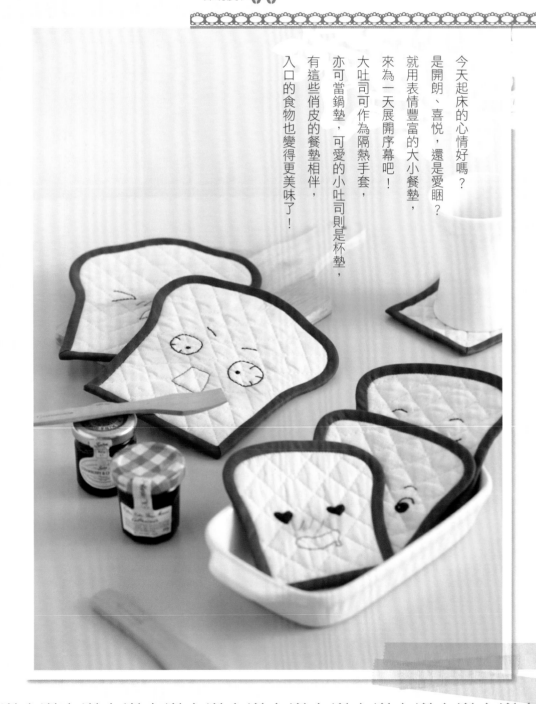

今天起床的心情好嗎？
是開朗、喜悅，還是愛睏？
就用表情豐富的大小餐墊，
來為一天展開序幕吧！
大吐司可作為隔熱手套，
亦可當鍋墊，可愛的小吐司則是杯墊，
有這些俏皮的餐墊相伴，
入口的食物也變得更美味了！

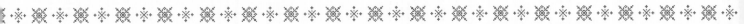

Material 紙型 D 面 (已含縫份 0.7cm)

隔熱手套 / 鍋墊

壓棉布	依紙型	2 片
斜布條	3.5 x 60cm	1 條
吊耳布	3.5 x 10cm	1 片
口袋布 (燙薄襯)	依紙型	2 片

杯墊

壓棉布	依紙型	1 片
斜布條	3.5 x 45cm	1 條

Profile

威媽 · 陳幼鍛
羽翼之心～威媽手作 (wemazakka)

FB 粉絲專頁：
www.facebook.com/wemazakka.fans

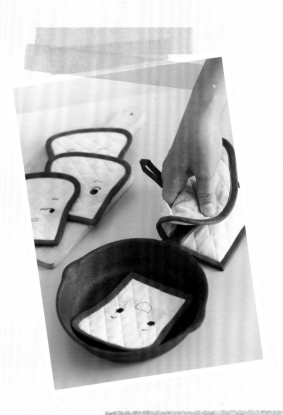

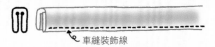

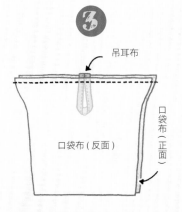

3

吊耳布

口袋布 (反面)

口袋布 (正面)

吊耳布固定於其中一片口袋布
上方中心點，再將兩片口袋布
正面相對，上方車縫 0.7cm。

tips

若沒有現成的壓棉布，也可用
兩片表布，中間夾燙雙膠棉，
再車縫或手縫壓線即可。

2

車縫裝飾線

以四摺法製作吊耳布，並車縫 0.2cm
裝飾線。

1

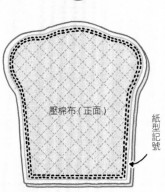

壓棉布 (正面)

紙型記號

依紙型在壓棉布上畫記號線，
外加約 0.5~1cm 粗裁下來，二
片布背面相對相疊 (隔熱手套
使用二層舖棉比較安全)，在
0.3 及 0.5cm 縫份處各疏縫一
圈，以防已壓好的線鬆脫，再
依紙型記號修剪多餘的布。

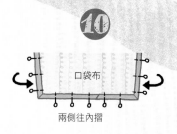

口袋布

兩側往內摺

兩側直角處包邊布如圖示內摺，
注意直角處要摺好。

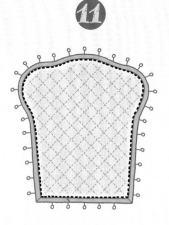

以珠針全部固定一圈，再翻回
壓棉布正面，沿著包邊布的布
邊車縫固定。

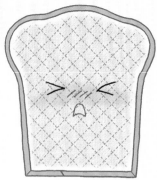

以水消筆描繪表情，再以回針
縫完成表情，用粉彩筆上腮紅，
完成。

tips

可參考紙型的表情，或是自由
發揮，都很逗趣喔！

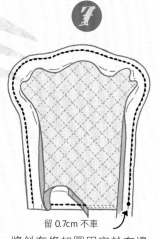

留 0.7cm 不車

將斜布條如圖固定於布邊，再
車縫至另一個直角處回針。

tips

外凸的弧度要將斜布條放鬆一
點，內凹的弧度要稍微拉緊一
點，這樣完成的包邊才會好看，
作品也較不易變形！

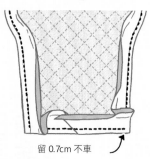

留 0.7cm 不車

依圖示將斜布條轉 90 度，起針
處留 0.7cm 不車，斜布條結尾
處須蓋過起頭處至少 0.7cm，車
縫固定，多餘的斜布條剪下。

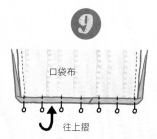

口袋布

往上摺

翻到背面，先將下方斜布條縫
份往上摺 0.7cm，以珠針固定
（需蓋過第一道包邊車縫線約
0.2cm）。

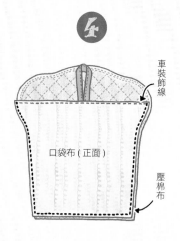

車裝飾線

口袋布（正面）

壓棉布

口袋布翻回正面壓一道 0.3cm
的裝飾線，並疏縫固定於壓棉
布的背面。

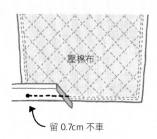

壓棉布

留 0.7cm 不車

包邊：壓棉布正面朝上，斜布
條起頭反摺 0.7cm 縫份，車縫
到直角處留 0.7cm 不車，回針
斷線。

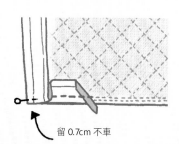

留 0.7cm 不車

依圖示將斜布條轉 90 度，以珠
針固定，起針處留 0.7cm 不車。

大眼水果兔趣味萬用包

製作／兔兔・張如菁　編輯／tammy　步驟插畫／星亞　攝影／詹建華

完成尺寸／寬 25cm× 高 22cm× 底寬 10cm（不含兔耳朵和身體尺寸）　難易度／🔘🔘🔘🔘

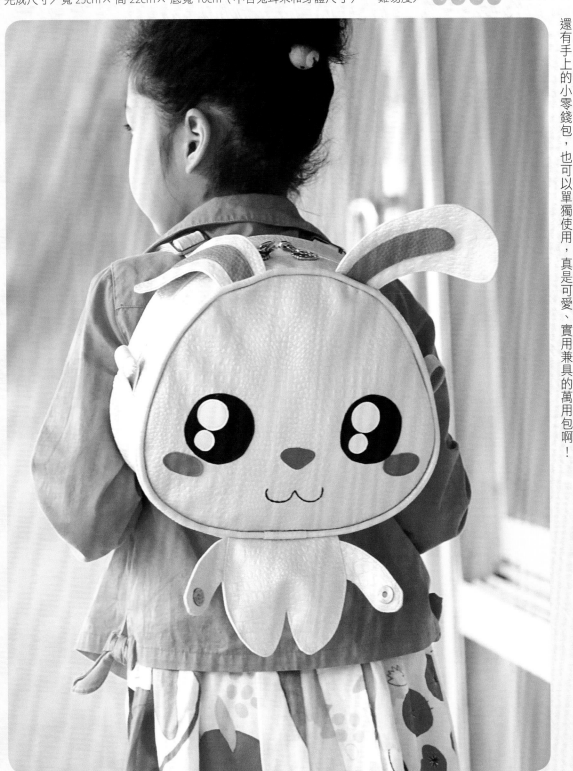

利用仿皮革的防水材質所製作出來的大頭兔，就像卡通裡走出來的可愛人物，長長的耳朵配上水汪汪的靈活大眼；雖然以誇大的比例強調出趣味性，但為了好動的小朋友，特別設計了後揹、側揹的兩種功能，還有手上的小零錢包，也可以單獨使用，真是可愛、實用兼具的萬用包啊！

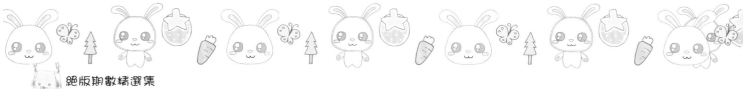

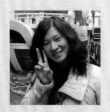

Profile

兔兔 ・ 張如菁

　　因為屬兔,所以外號叫兔兔,但是因為更喜歡企鵝跟泰迪熊而成立了熊之物語,整個就是動物的愛好者,充滿童心的創意,最愛幫卡通人物玩變裝秀,將卡通圖案變成一個個能背在身上的包包,讓每一個收到包包的好友都能驚喜尖叫,快樂分享。

熊之物語
tw.myblog.yahoo.com/bear-club/

Materials 紙型 D 面

大眼水果兔趣味萬用包

耳朵
紙型 B(白)×4 份 (正反各 2 片)
紙型 G(粉)×2 份

臉
紙型 A 表裡各 ×2
紙型 H(白色)×2
滾邊條 (白色仿皮):80cm×3cm×2 條
眼睛、鼻子、腮紅、嘴 (黑色繡線) 少許
斜揹掛耳:4.5×7cm×2 片
拉鍊口布:37 ×5cm×(表裡各 2 片)
側身底布:42×11cm(表裡各 1 片)
拉鍊前後檔布:5.5cm×3cm(表裡各 2 片)
雙開碼裝拉鍊:5V30cm1 條
後揹帶
揹帶:實際完成 2.3cm 寬 × 長度自訂
底部掛耳:8cm 長 ×2.3cm 寬
檔布:紙型 H×2 片

身體
紙型 C 身體 (白色)×2 片
紙型 D 手 (白色)×4 片 (左右各 2 片)

配件草莓小包
紙型 E(綠色)×2 片
紙型 F(紅色)×2 片 裡布 ×2 片
拉鍊:12.5cm
拉鍊口布:寬度自訂
底側身 :長 24.5cm × 寬度自訂
掛耳 (2cmD 環):4×6cm

※ 紙型不含縫份,須外加 1cm
PS. 拉鍊車 0.5cm

How To Make

① 製做前袋身

將五官依紙型位置一一固定於前表布正面,再用繡線繡出嘴部線條。

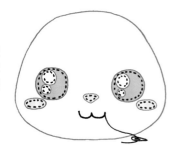

②

前表布壓車一圈包繩。

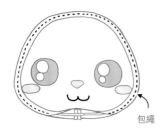

包繩

③

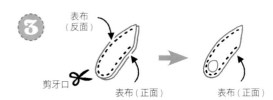

表布 (反面)

剪牙口　　表布 (正面)　　表布 (正面)

兩片手部表布正面相對如圖車縫,轉彎處剪牙口,翻回正面壓線,再釘上磁扣。

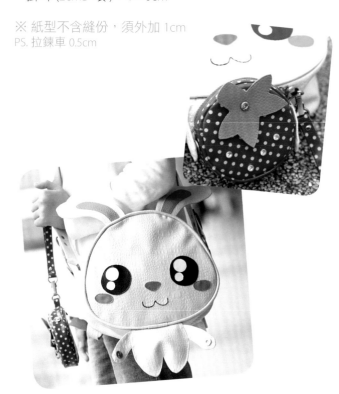

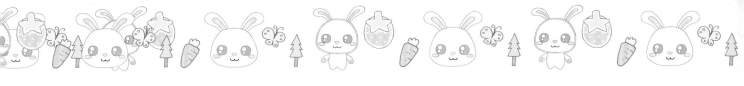

⑨ 製作側袋身

拉鏈兩側先車縫檔布，再與表裡口布車合。

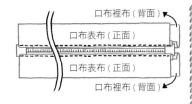

口布裡布（背面）
口布表布（正面）
口布表布（正面）
口布裡布（背面）

⑩

拉鏈口布與側身布接合，完成側袋身。

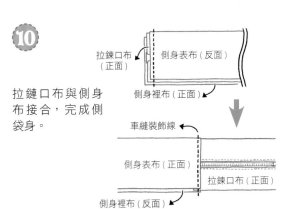

拉鍊口布（正面）
側身表布（反面）
側身裡布（正面）

車縫裝飾線
側身表布（正面）
拉鍊口布（正面）
側身裡布（反面）

⑪ 組合袋身

內裡依個人喜愛製作內袋，再與表布背面相對疏縫固定。

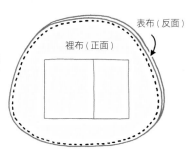

表布（反面）
裡布（正面）

⑫

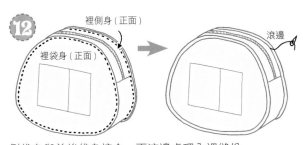

裡側身（正面）
裡袋身（正面）
滾邊

側袋身與前後袋身接合，再滾邊處理內裡縫份。

⑬

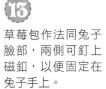

草莓包作法同兔子臉部，兩側可釘上磁釦，以便固定在兔子手上。

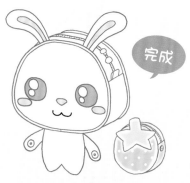

完成

④

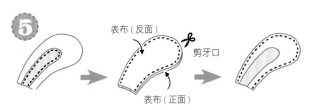

前片身體
後片身體（反面）
後片手部　剪牙口　前片身體（正面）

將完成的手固定於身體前片，與身體後片正面相對如圖車縫，轉彎處剪牙口，再翻回正面壓線。

⑤

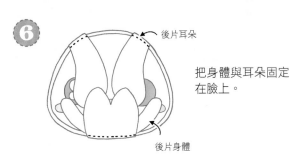

表布（反面）
剪牙口
表布（正面）

先將粉色布片固定於耳朵前片，再與耳朵後片正面相對如圖車縫，翻回正面壓線。

⑥

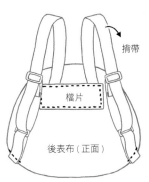

後片耳朵

把身體與耳朵固定在臉上。

後片身體

⑦ 製作後袋身

製作揹帶與檔片，再把揹帶固定於後表布上。

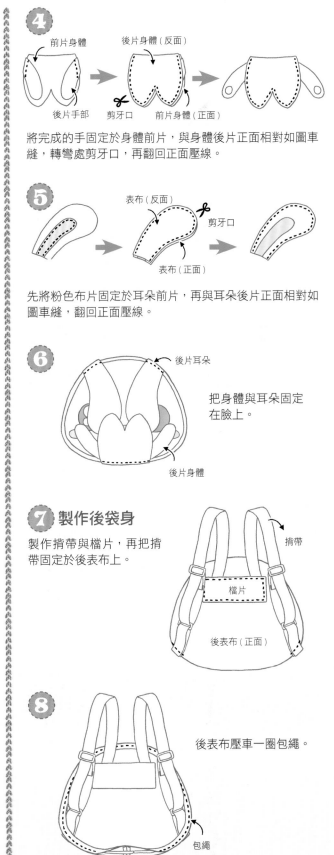

揹帶
檔片
後表布（正面）

⑧

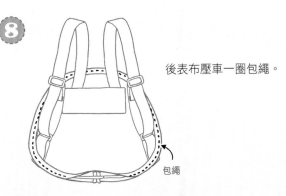

後表布壓車一圈包繩。

包繩

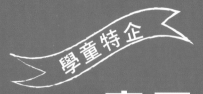
學童特企

童用布包
雜貨款

讓親愛的寶貝帶著媽媽滿滿的愛上學，

與眾不同的布作絕對能成為注目焦點。

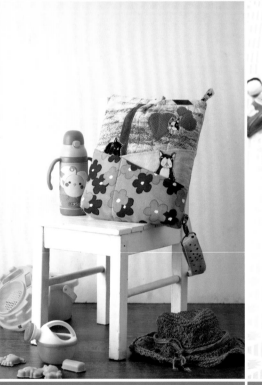

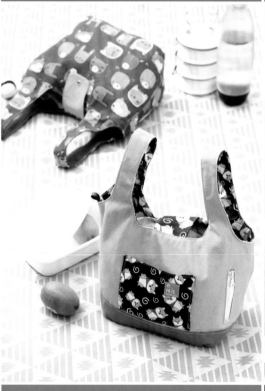

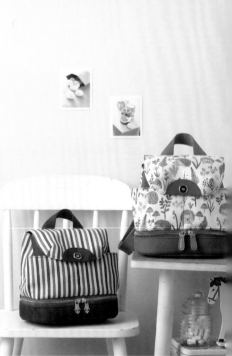

森林小刺蝟後背包

調皮的小刺蝟在森林裡到處奔跑，像小朋友精力充沛的樣子。小後背包下層設計成便當袋隔層，上層有兩個大口袋，兼具實用性與美觀度，小孩或大人背都非常適合。

製作示範／胡燕恩（丫呂原創）
編輯／Forig　成品攝影／詹建華
完成尺寸／寬21cm×高24cm×底寬14cm
難易度／☆☆☆

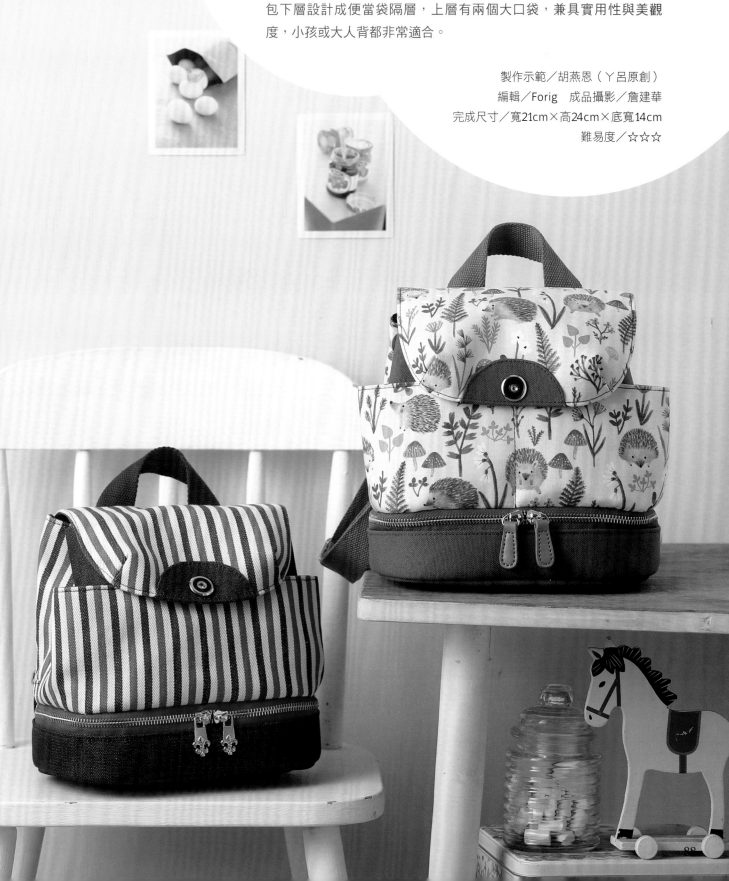

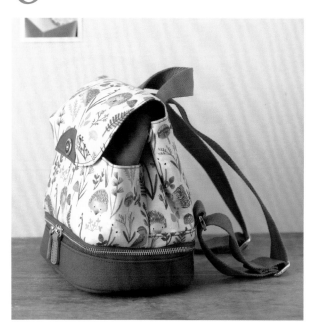

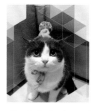

Profile

胡燕恩

從香港來台灣定居，家中愛貓陪伴渡過了思鄉情，
喜歡獨具特色的作品，目前為丫呂原創團隊教學老師。

FB 搜尋：丫呂原創

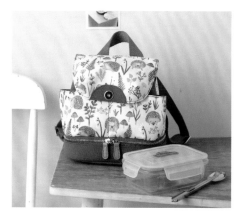

Materials 紙型Ｄ面

用布量：
圖案布半碼、8號帆布1/4碼、尼龍裡布半碼、厚布襯半碼。

裁布與燙襯：

表布／圖案布

袋蓋	紙型A	1	燙含縫份厚布襯
上層袋身後片（上）	35×15cm（E）	1	燙含縫份厚布襯
上層袋身後片（下）	35×3.5cm（F）	1	燙含縫份厚布襯
下層袋身後片	14.7×7.5cm（G）	1	先燙1片不含縫份，再燙1片含縫份的厚布襯
上層前口袋	紙型B	1	燙含縫份厚布襯

表布／防潑水帆布

上層袋身前片（上）	35×8cm（H）	1	燙不含縫份厚布襯
下層袋身	54×5.7cm（I）	1	燙不含縫份厚布襯
袋蓋裝飾片	紙型C	1	燙不含縫份厚布襯
袋底	紙型D	1	燙不含縫份厚布襯
出芽布	70×3cm	1	不燙襯

裡布／尼龍布

袋蓋	紙型A	1	不燙襯
上層袋身前片（下）	35×10cm（J）	1	不燙襯
下層袋身	54×5.7cm（I）	1	不燙襯
上層袋身	35×17cm（K）	2	不燙襯
下層袋身後片	14.7×7.5cm（G）	1	不燙襯
上層前口袋	紙型B	1	不燙襯
袋底	紙型D	3	不燙襯

其它配件：3.2cm織帶200-220cm長（依小孩身高）、5V金屬拉鍊60cm×1條、皮革拉鍊頭
×2個、磁扣×2個、3.2cm口環×2個、3.2cm日環×2個、雞眼磁扣×1組、3mm膠管75cm、
包邊條75cm、21×14cm塑膠板。

※以上紙型&數字尺寸皆已含縫份。

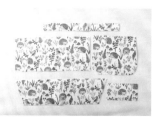

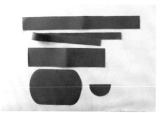

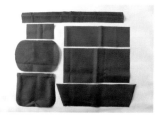

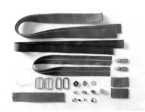

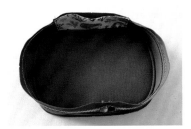

9 將車縫好的下層袋身剪出四邊中心牙口,袋底四邊中心也標出來,再將兩片中心對合,沿邊對齊,車縫一圈固定。

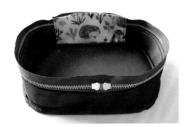

10 袋底縫份用滾邊條包邊一圈,車縫固定。

★ 製作袋蓋裝飾片

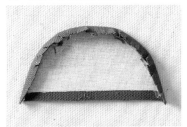

11 取袋蓋裝飾片,弧度處剪牙口,縫份往內折燙。

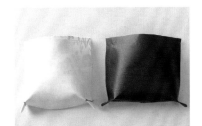

12 取表裡袋蓋,分別將摺角車縫好。

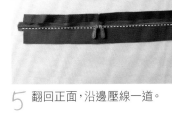

5 翻回正面,沿邊壓線一道。

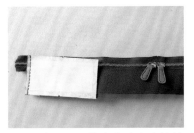

6 取表裡下層袋身後片夾車拉鍊一端,縫份0.7cm。

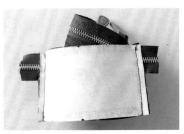

7 同作法再夾車拉鍊另一端。

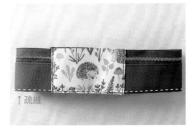

8 翻回正面,後片兩側沿邊壓線,底部表裡對齊疏縫一圈。↑疏縫

★ 製作袋底出芽

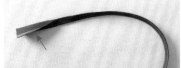

1 取出芽布對折夾車細塑膠管,一端留一段暫不車。

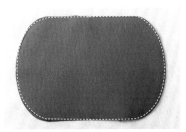

2 取表裡袋底D背面相對,疏縫一圈。

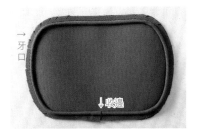

→牙口
↓收邊

3 將出芽沿著袋底車縫一圈,轉彎處剪牙口貼齊弧度,結尾處收邊車合。

★ 製作下層袋身

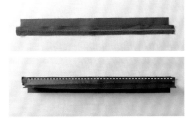

4 取表下層袋身與58cm拉鍊對齊一邊疏縫。再取裡下層袋身夾車拉鍊。

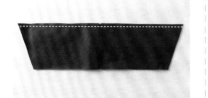

21 取表裡上層前口袋，正面相對，長邊對齊車縫。

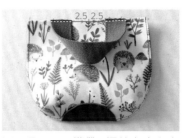

17 取18cm織帶，擺放在中心左右各2.5cm處車縫固定。

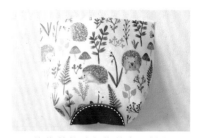

13 將袋蓋飾片與袋蓋中心對齊，沿弧度邊壓線固定。

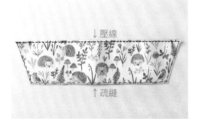

22 翻回正面，沿邊壓線一道，其餘三邊疏縫。

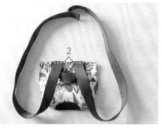

18 再取70cm織帶，擺放在中心左右各1cm處車縫固定。

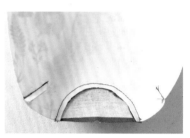

14 翻到背面，留飾片0.7cm縫份，其餘修剪掉。摺角的縫份一併修剪。

★ 製作上層袋身

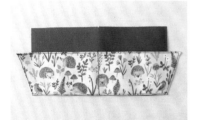

23 上層袋身與前口袋中心和底部對齊，中心線車縫固定。

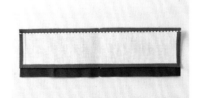

19 取上層袋身前片上片和下片，正面相對，對齊好一邊車縫。

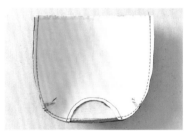

15 取表裡袋蓋正面相對，摺角縫份攤開，車縫U形邊固定。

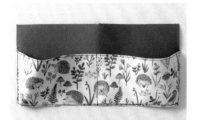

24 前口袋兩側對齊上層袋身兩側，三邊對齊車縫。

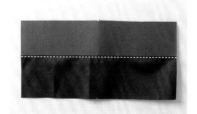

20 翻回正面，沿下片邊壓線固定。

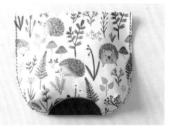

16 翻回正面，沿U形邊壓線固定。

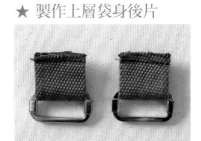

★ 製作上層袋身後片

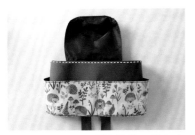

33 翻回正面,沿邊壓線,袋身底部疏縫。

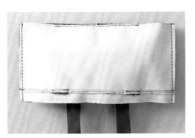

29 將袋蓋與上層袋身後片中心對齊,正面相對疏縫一道。

25 裁剪6cm織帶2條,分別套入口型環對折車縫。

★ 組合上下層袋身

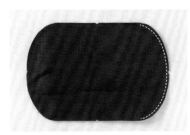

返口

34 取2片袋底背面相對疏縫,並留一段返口,放入塑膠底片。

30 取表上層袋身前後片正面相對,車縫兩側。

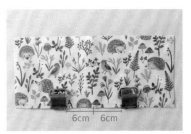

6cm 6cm

26 取上層袋身後片(上),中心左右各6cm分別車縫上口型環織帶。

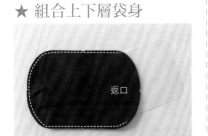

35 將塑膠底片置入後,返口疏縫起來。

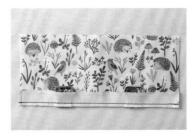

31 再取上層袋身裡布2片正面相對,車縫兩側。

27 再取上層袋身後片(下)與上片正面相對夾車口型環織帶。

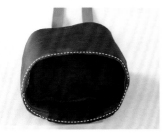

36 上下層袋身正面相對套合,如圖車縫一圈固定。

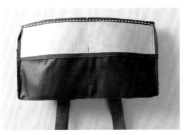

32 將表裡上層袋身正面相對套合,上方車縫一圈固定。

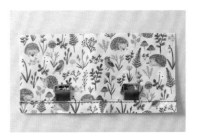

28 翻回正面,沿下片邊壓線固定。

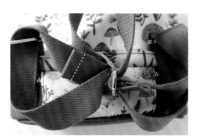

41 後袋身織帶分別套入日環和口環，收邊車縫固定，製作成可調式後背帶。

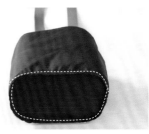

37 再將袋底合上，對齊好車縫一圈。

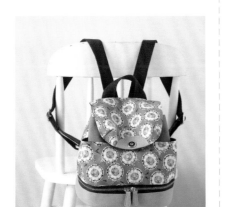

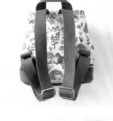

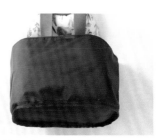

38 縫份處用滾邊帶包邊一圈，車縫固定。

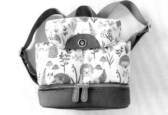

42 小後背包完成。

★ 裝上五金配件

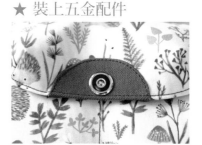

39 翻回正面，整理好袋形，袋蓋裝飾片中心和袋身相對位置打上雞眼磁扣。

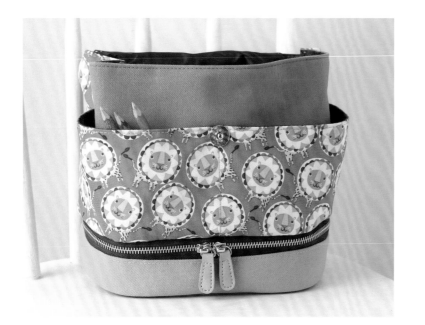

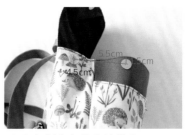

40 在側身中線往後袋身4.5cm，中線往前袋身5.5cm，上邊往下1.5cm處，釘上1組磁扣，共完成2組。

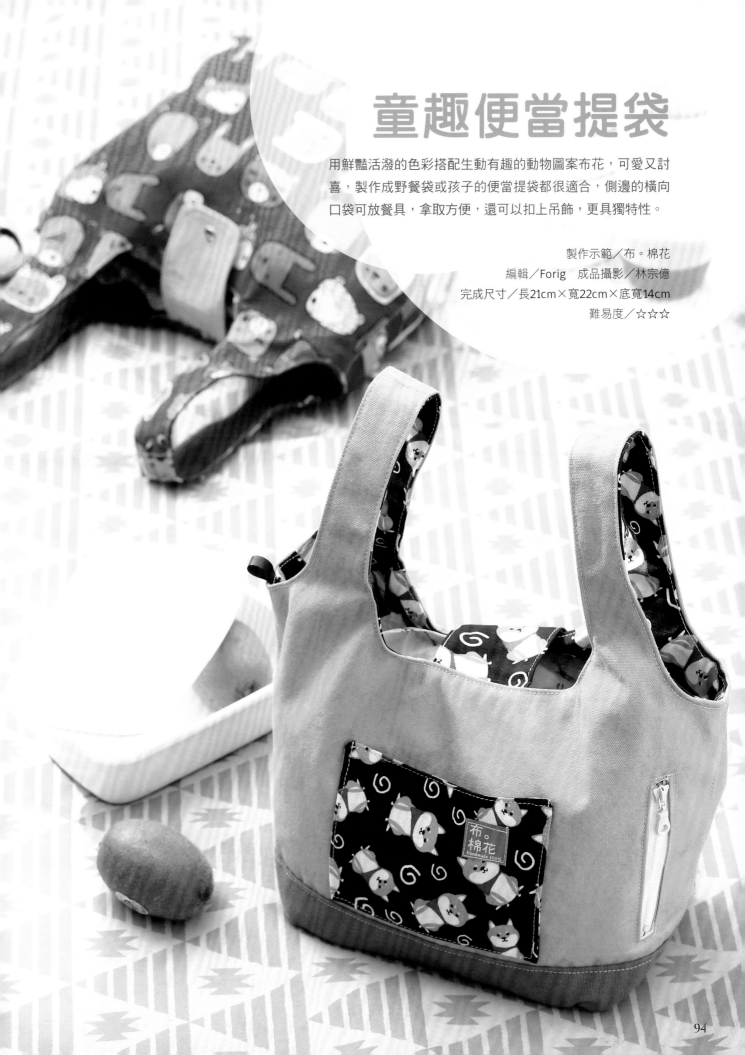

童趣便當提袋

用鮮豔活潑的色彩搭配生動有趣的動物圖案布花，可愛又討喜，製作成野餐袋或孩子的便當提袋都很適合，側邊的橫向口袋可放餐具，拿取方便，還可以扣上吊飾，更具獨特性。

製作示範／布。棉花
編輯／Forig　成品攝影／林宗億
完成尺寸／長21cm×寬22cm×底寬14cm
難易度／☆☆☆

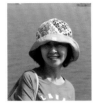

Profile
布。棉花

因為想著究竟什麼工作可以兼顧家庭，又能小有成就感，因而發現自己對手作設計的熱愛，開始將所有精神心力都投入在手作布包與毛線娃娃的設計製作上。當對某件事物感到狂熱時，腦袋便無時無刻皆運轉著相同的東西，布棉花正是如此，所接觸所看到的，都成為了【布。棉花】的創作靈感來源。

FB：https://www.facebook.com/yami5463/info/

部落格：http://yami5463.pixnet.net/blog

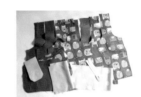

Materials 紙型 D 面

裁布：

袋身表布	紙型	2片
袋身裡布	紙型	2片
袋底表布	紙型	1片
袋底裡布	紙型	1片
蓋口	紙型	2片
外口袋	21.5cm×15cm	1片（無縫份）
拉鍊布	52cm×15cm	1片（無縫份）

其他配件：10.5cm拉鍊1條、裝飾皮繩6cm長、撞釘磁釦1組。

※以上紙型未含縫份。

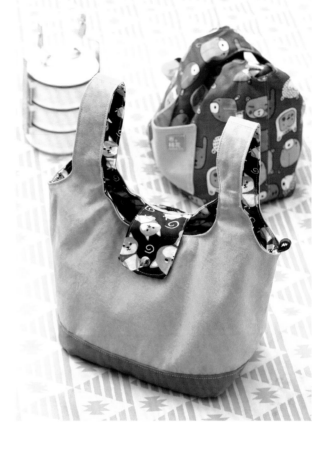

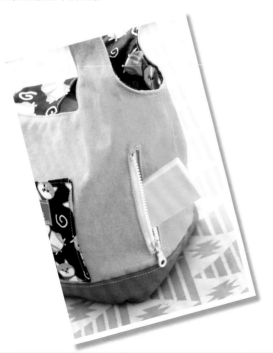

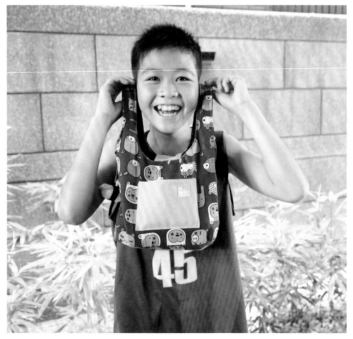

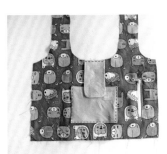

8 將外口袋擺放在袋身適當位置,如圖車縫三邊。再將蓋口固定在袋身上方中心處,疏縫一道。

★ 製作表、裡袋身

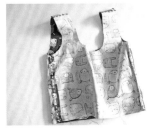

9 將表袋身正面相對,兩側車縫,縫份左右分開,再於正面車縫兩道壓線,提把端相同作法。

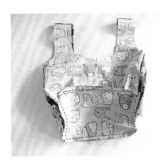

10 取袋底與袋身底部正面相對,對齊好先使用珠針固定,並車縫一圈。

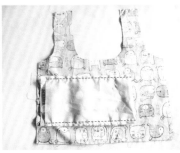

4 將袋身翻至背面,拉鍊布對摺,於上下車縫兩道,固定拉鍊布。

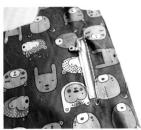

5 翻回正面,拉鍊邊緣車縫最後一道壓線,完成拉鍊口袋製作。

★ 製作外口袋和蓋口

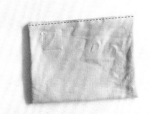

6 將外口袋正面相對車合(需留返口),從返口處翻至正面,外口袋上方車縫一道壓線。

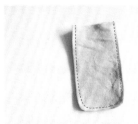

7 取蓋口正面相對,車縫U型,直線處當返口,翻回正面,沿邊壓線固定。

★ 製作拉鍊口袋

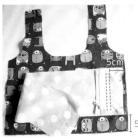

1 將拉鍊布反面用珠針固定在表布底往上5cm、由右往左5cm處,用鉛筆畫兩條寬1cm的記號線,再將拉鍊放置記號線處描繪上下記號線。(拉鍊正面貼雙面膠帶兩條)

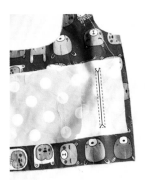

2 於記號線處車縫一圈,並用剪刀在圈線內將布如圖剪開。

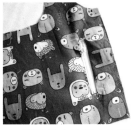

3 將拉鍊布穿過布口翻至背面,正面開口整燙,並將貼有雙面膠帶的拉鍊往開口處對齊貼上。將縫紉機更換拉鍊壓腳,於拉鍊邊緣如圖車縫。

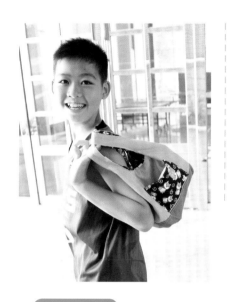

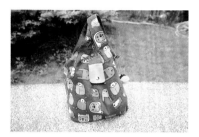

14 在蓋口與袋身相對位置上，敲打撞釘磁釦，即完成童趣便當提袋。

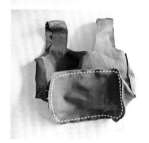

11 同上作法完成裡袋身的車縫。

同場加映

★ 製作煎蛋握壽司吊飾

使用毛線，依照織圖鉤織並組合完成，再使用鏈條扣至袋身裝飾皮繩上面，即完成煎蛋握壽司。

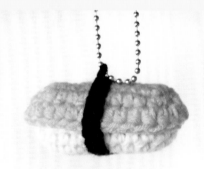

■■ **工具**

4/0號鉤針

■■ **毛線**

黃色、白色、黑色毛線

■■ **壽司飯 (白色)**

※ 鎖針起針9+1針

■■ **煎蛋 (黃色)**

※ 鎖針起針11+1針

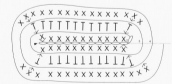

■■ **海苔片 (黑色)**

※ 鎖針起針22+1針，鉤織4排

★ 組合袋身

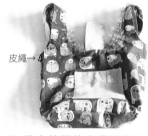

皮繩→

12 將車縫好的表袋身與裡袋背面相對套合，袋口與提把內側縫份往內摺合1cm，先使用強力夾固定後沿邊車縫。再將6cm皮繩對摺疏縫於一側邊。

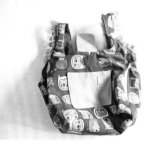

13 提把外側也往內摺合1cm，使用強力夾固定，並沿邊車縫，完成左右兩圈。

調皮法鬥單肩包

可愛的法鬥在花田裡玩躲貓貓，氣氛和諧又歡樂。包款的前口
袋是一大特色，搭配有趣的圖案貼布繡，為簡單的款式增添許
多新意，自由曲線的壓縫，提升了包款的獨特性與整體感。

製作示範／Q媽・張佩君
編輯／Forig　成品攝影／林宗億
完成尺寸／寬24cm×高33cm×底寬5cm
難易度／☆☆☆

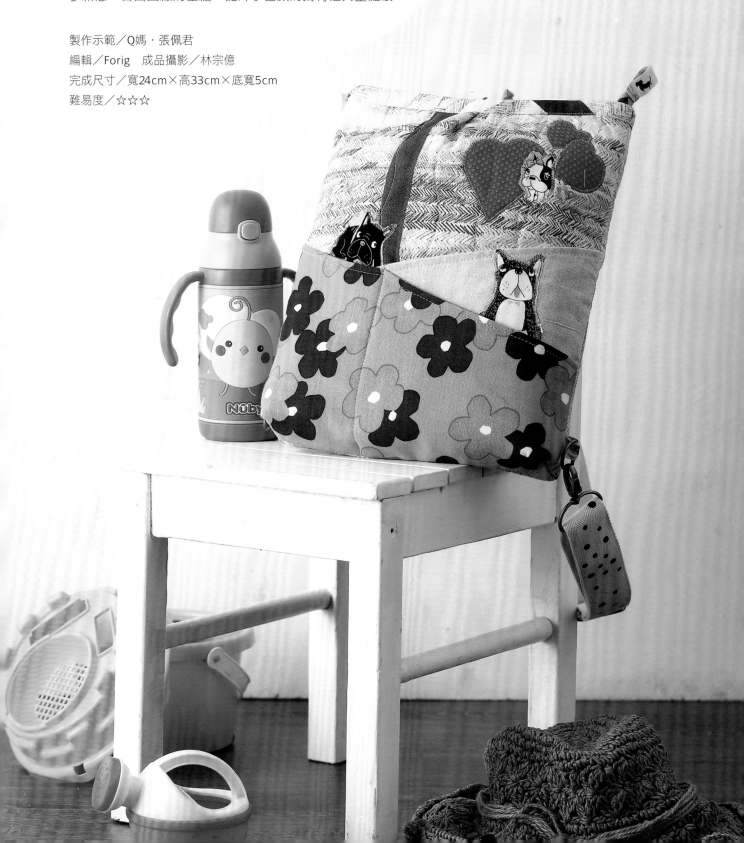

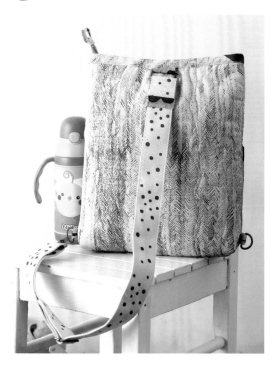

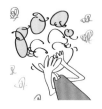

Profile
Q 媽・張佩君

人稱 Q 媽，因為女兒頭髮很捲而聞名。
日本文化服裝學苑畢業，卻玩起羊毛氈還出了兩本羊毛氈的書，辦過展，成立了工作室，以前是教學為工作，現在是把做包當成興趣，一有空檔就會製包，門市偶爾會有手作包，但目前以販賣生活雜貨和服飾以為主。

店址：高雄市前鎮區沱江街 152 號
電話：0929380362

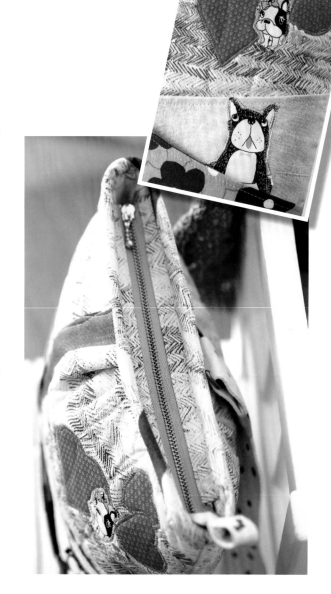

Materials 紙型 D 面

用布量：
表布1.5尺、裡布1.5尺、配色布0.5尺、薄布襯0.5尺、奇異襯0.5尺、舖棉和薄棉布各50×50cm、滾邊條5×60cm。

裁布與燙襯：

表布

前後袋身	紙型	2	粗裁舖棉和薄棉布
袋口布	22×3cm	4	2片燙布襯

配色布

前口袋A	紙型	2	燙不含縫份布襯
前口袋B	紙型	2	燙不含縫份布襯
貼布繡	紙型	依喜好	

裡布

前後袋身	紙型	2
內裡貼式口袋布	20×15cm	2

其它配件：2cm D型環×2個、4cm口型環×1個、4cm日型環×1個、4cm鉤扣×1個、24cm拉鍊×1條、棉織帶寬4cm×長105cm。

※以上紙型、數字尺寸皆未含縫份。

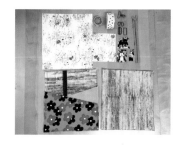

★ 製作表袋身

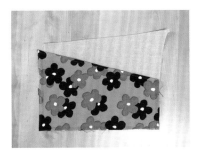

9 兩組前口袋如圖示重疊擺放。

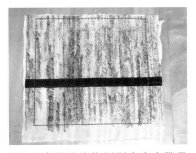

5 完成壓線後依紙型畫出實際尺寸（需含縫份），並於縫份線上壓線。

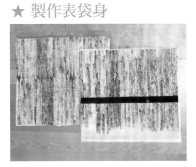

1 表布袋身粗裁（比實際尺寸每邊約各多5cm）。

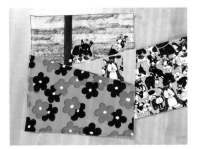

10 再放到前袋身表布上，決定貼布繡動物圖案位置。動物背面貼上奇異襯後剪下圖案。

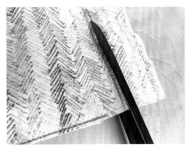

6 壓線外側約0.2cm剪下備用。

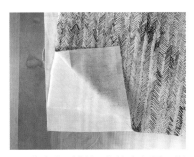

2 將表布、鋪棉、薄棉布如圖示順序疊放好。

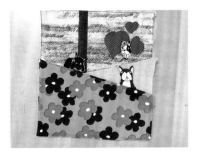

11 再次確定貼布繡位置。

★ 製作前口袋與貼布繡

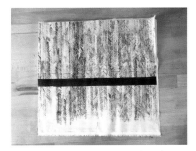

7 兩個前口袋分別燙上布襯。

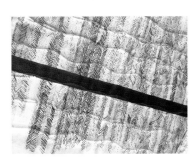

3 壓線前先疏縫三片固定。（如果使用有膠鋪棉此步驟可略過）

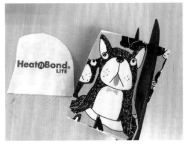

12 將使用的圖案沿外圍修剪出造型。

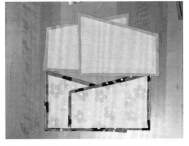

8 將前口袋A、B各自兩片正面相對，上方車合後，翻回正面，袋口處壓0.5cm裝飾線。※這裡口袋表裡布使用同一塊布料，可依據作品搭配表裡。

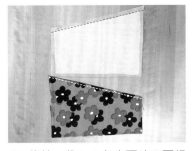

4 再依個人喜好自由壓線。

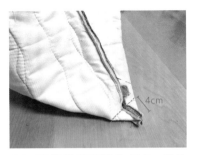

21 車縫袋底兩側的打角，縫份打開，尖角往內4cm畫線並車縫。

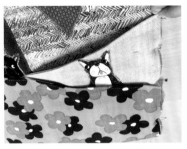

17 口袋外側對齊表布邊車縫固定。※固定前將口袋往內挪做出一點空間，拿取物品方便。

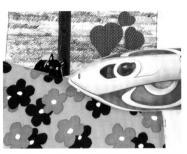

13 依據設計各部位燙貼上動物圖案。※奇異襯兩面都是膠，非常方便使用於貼布繡作品車縫前的固定，並防止毛邊。

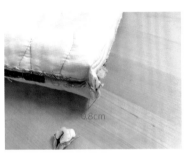

22 縫份留約0.8cm修剪掉多餘部份。

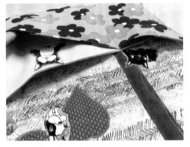

18 前口袋內部車縫好隔層。

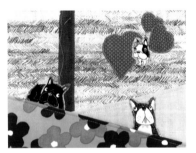

14 選擇喜歡的壓線圖案，車縫固定每個貼布繡的四周。

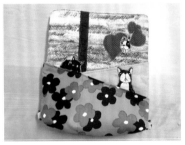

23 翻回正面，推出底角。

★ 製作後袋身與組合表袋身

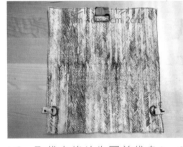

19 取袋身後片先同前袋身1～6作法完成，再依紙型位置固定兩側D型環，口型環固定在上方中心處。中心左右各3cm車縫2cm活摺，摺子往中心倒。

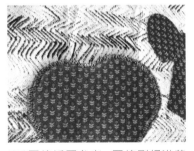

15 壓線近圖參考，壓線剛好沿著造型外圍一圈，才會好看。

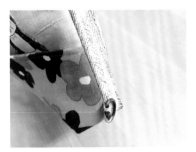

24 近圖，底角呈現的樣子。

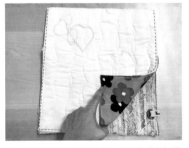

20 將表袋身前後片正面相對車縫三邊。

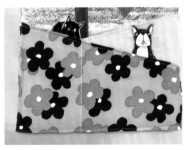

16 在口袋的交界處往下車縫一道隔間壓線。

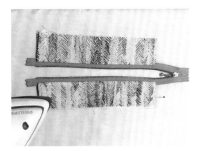

33 兩邊夾車後整燙,兩側邊縫分往內折燙。

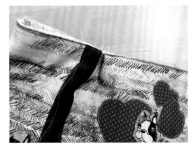

29 前表袋身袋口中心處左右各2.5cm抓出活摺疏縫固定。

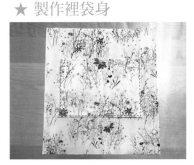

25 內裡貼式口袋布車縫好擺放在裡袋身適當位置,車縫三邊固定。

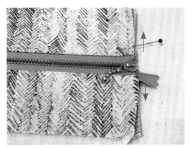

34 將拉鍊頂端布往兩側袋口布夾車。

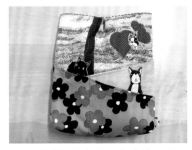

30 將表裡袋身袋口處疏縫一圈。

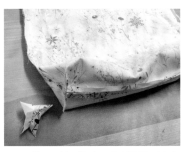

26 將二片裡袋身正面相對,同表袋身作法車縫三邊與底角。

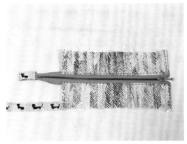

35 袋口布二片如圖壓線後,拉鍊尾端使用緞帶或布料夾車包覆。

★ 製作袋口布

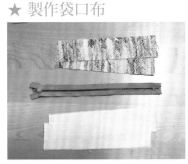

31 取袋口布和24cm拉鍊。

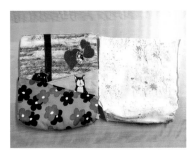

27 表、裡袋身製作完成。

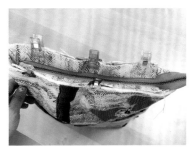

36 將袋口布置中於袋身袋口處車縫固定。

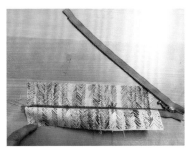

32 將二片袋口布(一片有燙襯在上),夾車拉鍊。

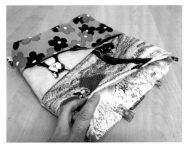

28 將表袋身與裡袋身背面相對套合,袋口處對齊先用強力夾固定。

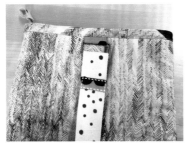

43 可以用剩餘布料裝飾棉織帶車縫處即完成。

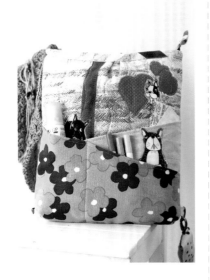

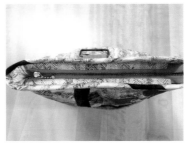

40 另一種滾邊條上法，也可從滾邊條正面對表袋身正面車縫一圈後，折至另一邊（袋口布側）藏針縫固定。

★ 製作單肩背帶

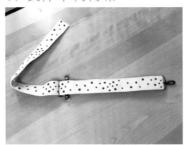

41 製作背帶，將織帶套入日型環，再穿過鉤扣，回穿至日型環，毛邊處內折車縫固定。

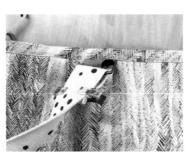

42 織帶另一端穿過後袋身上方的口型環，尾端折好車縫固定。

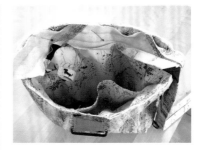

37 取滾邊條四折燙好後如圖固定於袋口車縫一圈。

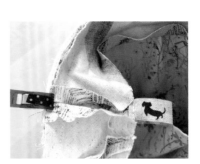

38 接縫處留1cm縫份往內折，車縫固定。

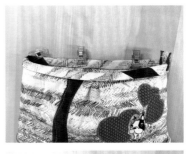

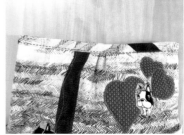

39 將滾邊條翻折至正面後，沿邊壓線0.1cm固定滾邊條。

打版進階 ⑤
造型袋底水桶包

解説文／凌婉芬　編輯／Forig　成品攝影／林宗億

示範尺寸／寬 22cm× 高 27cm× 底寬 13cm

難易度／◆◆◆◆

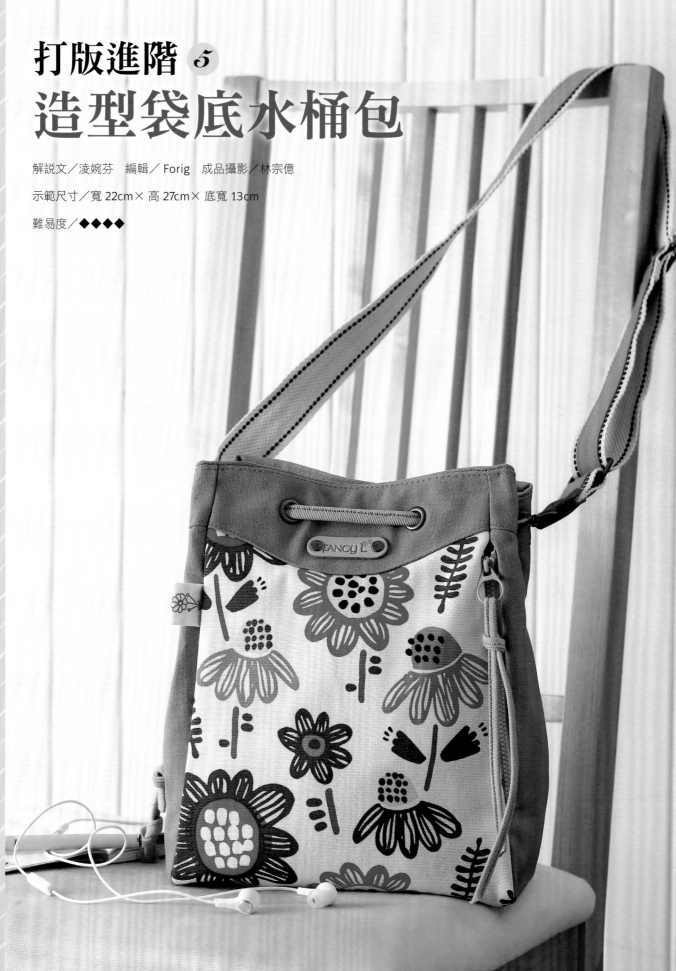

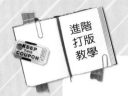

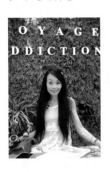

Profile

淩婉芬

原從事廣告行銷企劃工作，土木工程畢業。在一次因緣
際會下接觸拼布畫與拼布包，便一頭栽進布的世界裡。
由於包包創作實在太有趣，因此開始研究各種包款的版
型，進而創立一套比較有系統的版型規劃方式。目前從
事網路教學，舉凡包包製作、版型規畫、手工書、拼貼、
手工皮件等均為教學範圍。

著作：帶你輕鬆打版。快樂作包
　　　打版必學！同版雙包大解密

布同凡饗的手作花園
http://mia1208.pixnet.net/blog
email：joyce12088@gmail.com

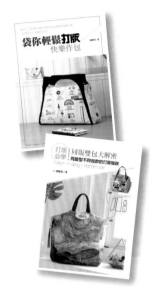

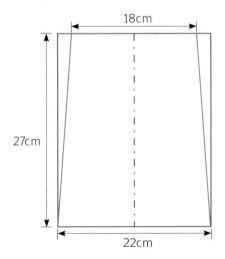

一、說明：

本單元示範為2片袋身及側身，並運用表裡袋不同版；製作出不同於一般既定印象的水桶
包；利用簡單的基本打版，連結袋底的方法，包款就可以更有設計感。包款的尺寸大小則可
依照個人喜好的方式來設計；打版所需常見工具或常識，以及基本公式等，請參照打版入門
（一）～（十一）。

二、包款範例：

示範包款尺寸：寬22cm×高27cm×底寬13cm
◎尺寸算法可參照打版入門或設計成自己喜歡或需要的大小。
◎背帶寬度與長度視個人使用習慣即可，沒有固定的算法。

三、繪製袋身版：

①根據已知的尺寸大小先畫出外框

②定出袋身上寬度（示範包款是18cm）
※此部分寬度可依照個人身高或體型來決定開口的大小。

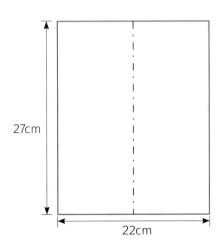

18cm

27cm

22cm

27cm

22cm

連結上下線段（藍色
線）後形成正梯形。

③依照範例制定袋底

由於袋底（如照片）為前後袋身重疊後共為13cm，因此單邊尺寸為6.5cm。

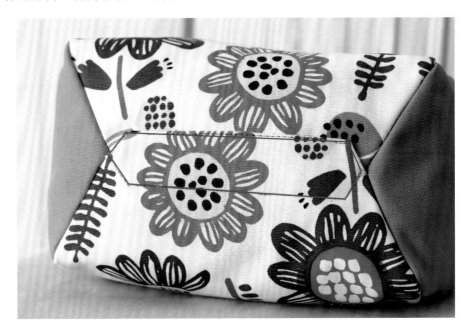

A.可由袋身下畫一距離6.5cm的平行線如下圖（綠線）。

B.由於範例底有重疊（如上圖示範底部紅色標示）的部分，為2cm重疊（橘線），此處可視個人喜好決定（或不重疊）。

C.底的左右寬度可與底等長（13cm），此處寬度可視個人喜好決定。

D.連結ａｂ線段與ｃｄ線段（紫線），如此就完成袋身連結1/2袋底的版型。

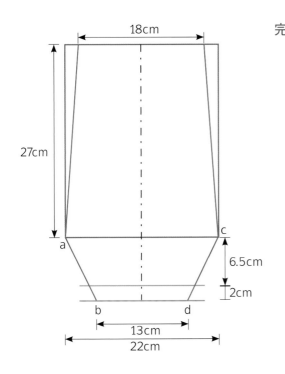

完整袋身版型

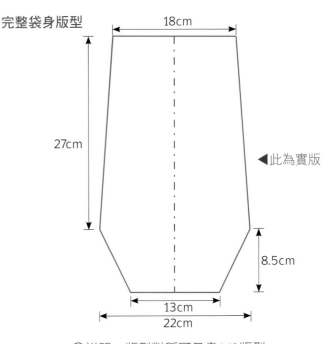

◀此為實版

◎說明：版型對稱可只畫1/2版型。

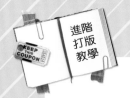

④制定側身

※制定側身須注意連同底的部分也需一併計算。

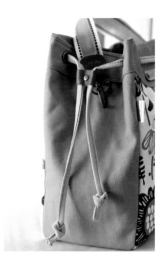

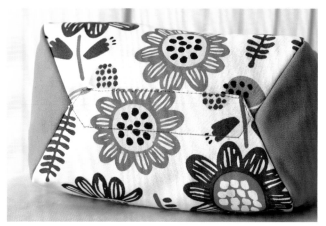

（側身連到底的部分）

※參照袋身的側邊斜度尺寸。

a.袋身側邊斜度尺寸可使用直尺直接量出為27.2cm或使用電腦繪圖度量。

b.比較複雜的方法是使用直角三角形計算法，這邊直接用尺量即可，不必這麼麻煩。

c.直接將袋身側邊拿來使用如下（藍線的部分即為其斜度）。

d.保持其斜度，畫出袋底寬度（已知13cm），由於是同斜度，因此中間高度＝袋身高度27cm

e.連結XY線段（綠線）得出總長＝17cm

→（2＋6.5）×2＝17cm（側身上寬）

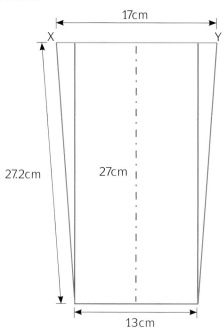

◎說明：側身也可以不做有斜度的設計，就會與底等寬喔！（可以試試等寬的效果）

f.繪製側身連底的部分

（1）已知袋身底部如下圖的部分，
由綠線與紫色線的交點畫一條垂直於ac的線段（藍線）ef。

（2）$\overline{ef}$線段＝6.5cm（無庸置疑），使用直尺量出$\overline{ec}$線段為3.5cm。
（這邊同樣使用簡單的方式度量即可）

（3）$\overline{ec}$線段的距離就會＝側身底的距離3.5cm，
因為$\overline{OP}$線段＝13cm，所以1/2＝6.5cm，
因此$\overline{TV}$線段＝3.5cm。
連結$\overline{OV}$及$\overline{PV}$兩線段即可得到整個側身的版型。

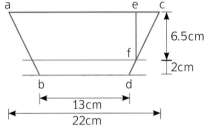

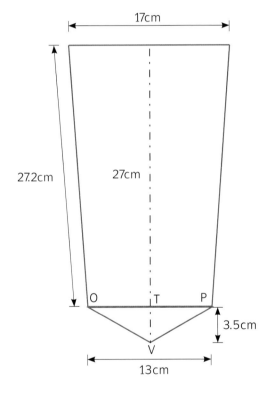

完整側身版型

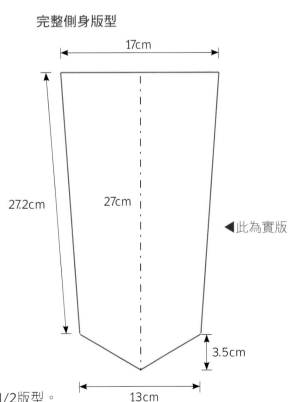

◀此為實版

◎説明：版型對稱可只畫1/2版型。

108

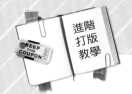

⑤制定裡袋版

其實，到此為止；就算已經完全畫出整個版型，而示範款為表裡袋不同版做法，
由於裡袋看不到，因此可以使用簡單的版型呈現，讓內口袋更容易製作。

→由表袋身與側身尺寸得知，整個袋口寬度為袋身上寬＋側身上寬＝18＋17＝35cm
整體高度為27＋底寬13的一半＝27＋6.5＝33.5cm
因此可繪出裡袋身版型，若想要稍微有點設計感，可將此版型一分為二如下（加畫藍線），
距離則可依照個人喜好均可。

裡袋版

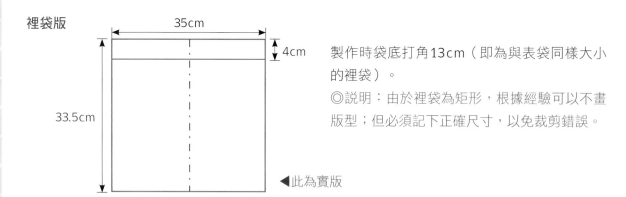

製作時袋底打角13cm（即為與表袋同樣大小
的裡袋）。
◎說明：由於裡袋為矩形，根據經驗可以不畫
版型；但必須記下正確尺寸，以免裁剪錯誤。

⑥表袋身上裝飾布

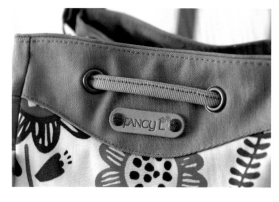

此部分可依照個人喜好制定
即可（沒有特定的畫法）。

⑦從頭再核算一次所有相關的數據→製作包包

四、問題。思考：

（1）如果在設計時，袋身上部作成矩形版會怎麼樣？
（2）範例中的側身版上部如果斜度想要更傾斜時，會有怎樣的改變？
（3）袋底加大會有甚麼改變？
（4）如果不作水桶包型，可以怎麼變化呢？
（5）袋身或側身可作圓角設計嗎？會產生甚麼樣的變化呢？
　　　或是不可行呢？
（6）同尺寸裡袋還可以怎麼設計？

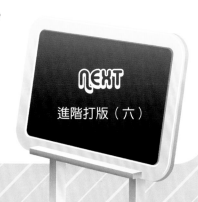

NEXT
進階打版（六）

職人精選 手工皮革包

皮革與不同質料結合的特製包款

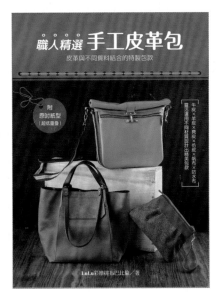

本書特色

＊布作轉皮作的製作技巧
＊皮革與不同材質的搭配組合
＊皮製提把、背帶製作過程不刪減全收錄
＊仔細明瞭的步驟教學，不跳過任何製作細節

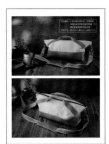
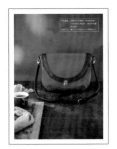
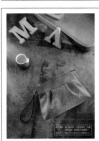
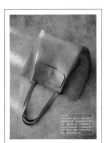

作者／LuLu 彩繪拼布巴比倫
定價／420 元

多功能百變造型包

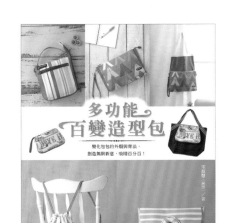

變化包包的外觀與背法，
創造無限新意，吸睛百分百

本書特色

＊變化包款外觀造型的巧思
＊可拆式分成兩款包的設計
＊特別造型的包款創意
＊ 27 件作品變成 45 件包款的多樣性

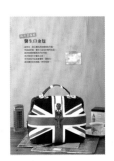
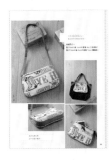
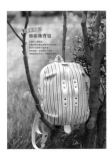
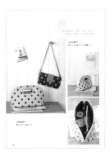
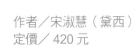

作者／宋淑慧（黛西）
定價／420 元

CottonLife 玩布生活 No.31

讀者問卷調查

Q1. 您覺得本期雜誌的整體感覺如何？　□很好　　□還可以　　□有待改進

Q2. 請問您喜歡本期封面的作品？　　□喜歡　　□不喜歡

原因：_____

Q3. 本期雜誌中您最喜歡的單元有哪些？

□2019春夏流行包款《玻璃瓶中的花》、《精靈國度肩背包》P.6

□2019春夏流行色╳拼布包設計《活力花園側背包》P.20

□刊頭特集「多隔層實用有型包」P.27

□通學日童裝《貴族學院風洋裝》、《青頻果男童襯衫》P.50

□嚴選專題「絕版期數精選集」P.59

□童用特企「童用布包雜貨款」P.87

□進階打版教學（五）「造型袋底水桶包」P.104

Q4. 刊頭特集「多隔層實用有型包」中，您最喜愛哪個作品？

原因：_____

Q5. 嚴選專題「絕版期數精選集」中，您最喜愛哪個作品？

原因：_____

Q6. 學童特企「童用布包雜貨款」中，您最喜愛哪個作品？

原因：_____

Q7. 雜誌中您最喜歡的作品？不限單元，請填寫1-2款。

原因：_____

Q8. 整體作品的教學示範覺得如何？□適中　　□簡單　　□太難

Q9. 請問您購買玩布生活雜誌是？　□第一次購買　　□每期必買　　□偶爾才買

Q10. 您從何處購得本刊物？　□一般書店　□超商　□網路書店（博客來、金石堂、誠品、其他_____）

Q11. 是否有想要推薦（自薦）的老師或手作者？

姓名：_____　連絡電話：_____

網站／部落格：_____

Q12. 請問對我們的教學購物平台有什麼建議嗎？（www.cottonlife.com）

歡迎提供：

Q13. 感謝您購買玩布生活雜誌，請留下您對於我們未來內容的建議：

姓名／	性別／□女 □男	年齡／　歲
出生日期／　月　日	職業／□家管 □上班族 □學生 □其他	
手作經歷／□半年以內 □一年以內 □三年以內 □三年以上 □無		
聯繫電話／（H）　　（O）　　（手機）		
通訊地址／郵遞區號 □□□□□		
E-Mail／	部落格／	

讀者回函抽好禮

活動辦法：請於2019年9月15日前將問卷回收（影印無效）填寫⬚
超值好禮。獲獎名單將於官方FB粉絲團（http://www.facebook.c⬚
品將於10月底前統一寄出。

※本活動只適用於台灣、澎湖、金門、馬祖地區。

U0031032

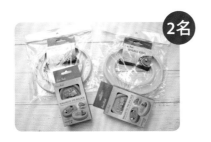

2名

磁性針盤＋梭心座台
（1組）

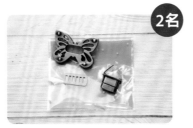

2名

蝴蝶造型鎖頭
（1組）

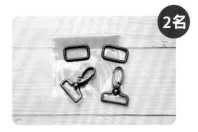

2名

3cm鉤環＋口型環
（2組）

請貼8元郵票

Cotton Life 玩布生活

飛天手作興業有限公司 編輯部

235新北市中和區中正路872號6樓之2
讀者服務電話：(02)2222-2260

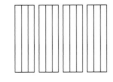

黏貼處

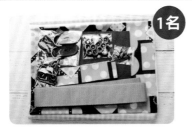

1名

鮮彩水桶包材料包組
（1份）

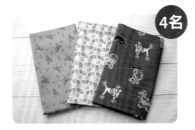

4名

棉布先染布（2尺）
隨機

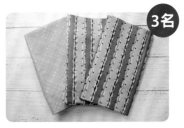

3名

棉布先染布（3尺）
隨機

請沿此虛線剪下，對折黏貼寄回，謝謝！